Karl Wilhelm Henke

Schnelles Tastschreiben in kürzester Zeit

mit Modul Rechtschreibung

1. Auflage

Bestellnummer 8000

Die in diesem Produkt gemachten Angaben zu Unternehmen (Namen, Internet- und E-Mail-Adressen, Handelsregistereintragungen, Bankverbindungen, Steuer-, Telefon- und Faxnummern und alle weiteren Angaben) sind i. d. R. fiktiv, d. h., sie stehen in keinem Zusammenhang mit einem real existierenden Unternehmen in der dargestellten oder einer ähnlichen Form. Dies gilt auch für alle Kunden, Lieferanten und sonstigen Geschäftspartner der Unternehmen, wie z. B. Kreditinstitute, Versicherungsunternehmen und andere Dienstleistungsunternehmen. Ausschließlich zum Zwecke der Authentizität werden die Namen real existierender Unternehmen und z. B. im Fall von Kreditinstituten auch deren IBAN und BIC verwendet.

Die in diesem Werk aufgeführten Internetadressen sind auf dem Stand zum Zeitpunkt der Drucklegung. Die ständige Aktualität der Adressen kann vonseiten des Verlages nicht gewährleistet werden. Darüber hinaus übernimmt der Verlag keine Verantwortung für die Inhalte dieser Seiten.

Druck: westermann druck GmbH, Braunschweig

service@winklers.de
www.winklers.de

Bildungshaus Schulbuchverlage Westermann Schroedel Diesterweg Schöningh Winklers GmbH, Postfach 33 20, Braunschweig

ISBN 978-3-8045-**8000**-8

Vorwort

Sie erlernen das Tastschreiben, um die Tastatur rationell und schnell bedienen zu können. Dadurch sparen Sie Zeit, weil die Bewegungsabläufe automatisiert ablaufen. Sie verlieren keine Zeit, weil Sie die Tasten nicht lange suchen müssen. Durch die ergonomisch günstige Haltung des Körpers, der Arme und Hände schonen Sie beim Tastschreiben Ihre Gesundheit.

Um das Tastschreiben schnell und sicher zu beherrschen, kommt es darauf für Sie an,

- die Tastatur mit der Anordnung ihrer Tasten zu kennen,
- die einzelnen Finger der Tastaturhälfte und der jeweilige Taste zuordnen zu können,
- die Tastrichtung und die Tastentfernung sicher ausführen zu können,
- bei ergonomisch günstiger Haltung die richtige Anschlagtechnik anzuwenden.

Die Reihenfolge der Erarbeitung der Tastwege zu den Buchstabentasten berücksichtigt die Häufigkeit der Buchstaben in der deutschen Sprache. Grundlage bildete die Sprachstatistik von Dr. Meier. Neben diesem wichtigen Kriterium waren auch der Schwierigkeitsgrad der Tastwege und die Stärke der einzelnen Finger maßgebend.

In jeder Lektion finden Sie ein Tastaturbild mit den neuen Schreibtasten. Darunter finden Sie Tastwegbeschreibungen zu den neuen Tasten. Die Tastwege zu den neuen Tasten tasten Sie zunächst vor. Beim Vortasten bewegen Sie den jeweiligen Finger zur neuen Schreibtaste und berühren die entsprechende Taste ganz leicht, ohne sie anzuschlagen. Sie tasten den Tastweg zur neuen Taste einige Male vor, später alle Tastwege zu den neuen Schreibtasten. Nachdem Sie die Tastwege so oft vorgetastet haben, dass Sie über die Tastwege nicht mehr nachdenken müssen, schreiben Sie die Zeilen zur motorischen Umsetzung. In der motorischen Phase setzen Sie Ihr Vorstellungsbild von der Lage der neuen Taste in einen Bewegungsablauf um. Mit dem Schreiben der Übungen automatisieren Sie Ihren Bewegungsablauf.

Um die Schreibfertigkeit zu erhöhen, sind im Übungsteil des Buches Wörter, Übungssätze und Texte aufgeführt. Im Modul Rechtschreibung prägen Sie sich wichtigsten Rechtschreibregeln beim Üben der Sätze ein. Zum Training und zum Prüfen Ihrer Schreibleistung finden Sie Texte für 10-Minuten-Abschriften mit interessanten Themen.

Ich wünsche Ihnen viel Freude bei der Arbeit mit diesem Lehrbuch und gute Schreibleistungen.

Soest, im Frühjahr 2016

Karl Wilhelm Henke

Inhalt

1 Tastschreiben

1.1 Informationen zum Tastschreiben

Normtastatur

Die Tastatur mit der Tastenbelegung nach DIN 2137

Linke Hand **Rechte Hand**

Einnehmen der Ausgangsposition (Grundeinstellung)

Die Ausgangsposition (Grundstellung) nehmen Sie in der mittleren Buchstabentastenreihe ein.

linker Zeigefinger F

linker Ringfinger S

linker Mittelfinger  D

linker kleiner Finger  A

rechter Zeigefinger  J

rechter Ringfinger L

rechter Mittelfinger  K

rechter kleiner Finger  Ö

Optimale Schreibhaltung

- Sie sollten aufrecht sitzen.
- Legen Sie die Ellenbogen locker an.
- Der Unterarm sollte mit dem Handrücken eine gerade Linie bilden.
- Die ersten Fingerglieder sind leicht gekrümmt.

Nehmen Sie die Grundstellung und die Schreibhaltung ein.

Wichtige Tasten und Einstellungen

Die Leertaste

Die Daumen sollten über der Leertaste schweben.

Der Daumen bedient die Leertaste.

Bedienen Sie einige Male die Leertaste.

Eingabetaste (Returntaste)

Tasten Sie mit dem rechten kleinen Finger weit nach rechts zur Eingabetaste.

Bedienen Sie diese Taste.

1.2 Buchstaben f, j, d, k, s, l, a, ö, g und h

Buchstaben f, j, d, k, s, l, a und ö

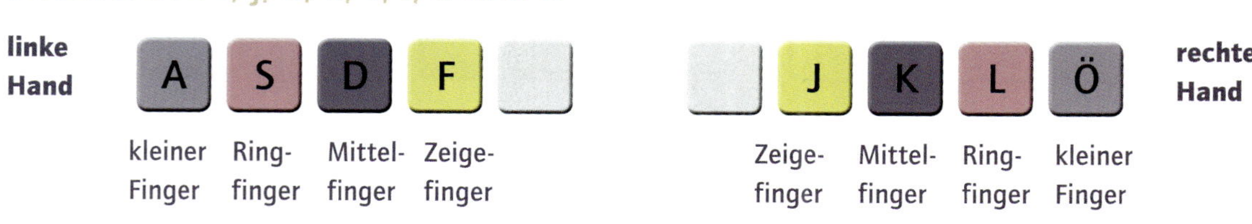

Die Tasten der Grundstellung schlagen Sie mit diesen Fingern an:

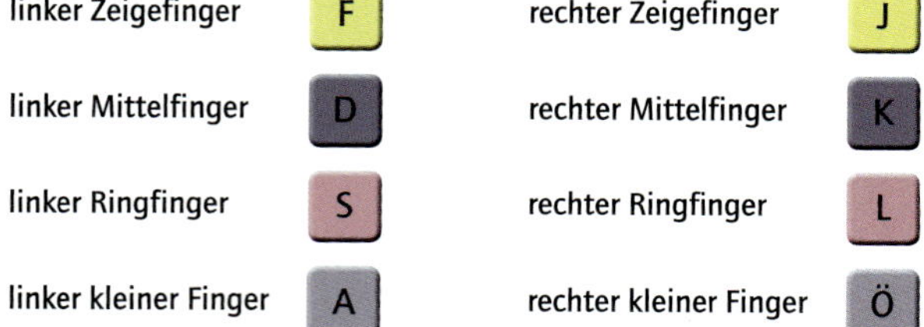

Buchstaben g und h

Der linke Zeigefinger tastet waagerecht nach rechts zum **g**.

Der rechte Zeigefinger tastet waagerecht nach links zum **h**.

Von der Ausgangsposition (Grundstellung) tasten Sie zu den Buchstaben g und h. Kehren Sie nach dem Tastenanschlag sofort in die Grundstellung zurück. Richten Sie Ihre Augen nur auf die Vorlage.

Eingabeposition

Auf dem Bildschirm bewegt sich der Cursor (Einfügemarke) mit jedem Tastenanschlag nach rechts. Er steht immer rechts hinter dem zuletzt geschriebenen Zeichen. Im Lineal und in der Statusleiste kann die Cursorposition abgelesen werden. Sind die Spalten- oder Zeilenangaben in der Statuszeile nicht eingestellt, führen Sie den Mauszeiger in die Statusleiste, klicken die rechte Maustaste an und wählen im Kontextmenü die gewünschten Einstellungen aus.

Randeinstellung – Schriftart

Stellen Sie den **linken Rand auf 2,4 cm** und den **rechten Rand auf 3 cm**. Wählen Sie die Schriftart Courier New, Schriftgröße 12. Dann stimmen die Übungen auf dem Bildschirm mit den Übungen dieses Lernbuches überein.

1.3 Buchstaben f, j, d, k, s, l, a, ö, g und h – Großschreibung

Tasten Sie die folgenden Zeilen vor:

```
f f d d s s a a j j k k l l ö ö f j d k s l a ö d l f ö a j
fgf fgf fgf fgf jhj jhj jhj jhj fgf fgf jhj jhj fgf fgf jhj
```

Motorische Umsetzung – Erfassen Sie jede Zeile zweimal:

```
1 fdsa fdsa fdsa fdsa fdsa fdsa jklö jklö jklö jklö jklö jklö
2 asdf asdf asdf asdf asdf asdf ölkj ölkj ölkj ölkj ölkj ölkj

3 fdsa jklö asdf ölkj fdsa jklö asdf ölkj fdsa jklö asdf ölkj
4 das das das das das lös lös lös lös lös das lös das lös das

5 fgf fgf fgf jhj jhj jhj fga fga fga jhö jhö jhö fgh fgh fgh
6 lag lag lag lag sah sah sah sah lag sah lag sah lag sah lag

7 sag sag sag half half half kahl kahl kahl sag half kahl sag
8 lag sah sag half kahl lag sah sag half kahl lag sag kahl ja
```

Großschreibung

Linker und rechter Umschalter

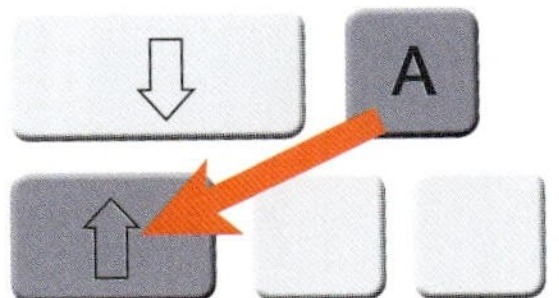

Der linke kleine Finger spreizt weit nach links unten zum Umschalter und drückt ihn herunter. Während des Anschlags wird der Umschalter festgehalten. Wollen Sie einen Buchstaben der rechten Hand großschreiben, benutzen Sie den linken Umschalter.

Der rechte kleine Finger spreizt weit nach rechts unten zum Umschalter und drückt ihn herunter. Während des Anschlags wird die Taste festgehalten. Wollen Sie einen Buchstaben der linken Hand großschreiben, benutzen Sie den rechten Umschalter.

Tasten Sie die folgenden Zeilen vor:

```
Ja Ja Ja Ja Ja Ka Ka Ka Ka Ka La La La La La Öa Öa Öa Öa Öa
Fö Fö Fö Fö Fö Dö Dö Dö Dö Dö Sö Sö Sö Sö Sö Aö Aö Aö Aö Aö
Ha Ha Ha Ha Ha Gö Gö Gö Gö Gö Ha Gö Ha Gö Ha Gö Ha Gö Ha Gö
```

Motorische Umsetzung – Erfassen Sie jede Zeile zweimal:

```
1 Jagd Jagd Jagd Jagd Jagd Kalk Kalk Kalk Kalk Kalk Jagd Kalk
2 Hals Hals Hals Hals Hals Jagd Kalk Hals Jagd Kalk Hals Hals
3 Fass Fass Fass Fass Fass Saal Saal Saal Saal Saal Fass Saal
4 Fall Fall Fall Fall Fall Glas Glas Glas Glas Glas Fall Glas

5 Jagd Jagd Kalk Kalk Hals Hals Fass Fass Saal Saal Glas Glas
6 Kalk Hals Saal Fass Glas Jagd Kalk Glas Fass Kalk Hals Fall
7 Kajak Kajak Kajak Kajak Kajak Skala Skala Skala Skala Skala
8 Kajak Kajak Skala Skala Kajak Skala Kajak Skala Kajak Skala
```

1.4 Buchstaben e, i, r, u, t, z, Komma und Punkt (1)

Wiederholung – Schreiben Sie die folgenden Zeilen je dreimal:

```
Jagd Jagd Kalk Kalk Hals Hals Fass Fass Saal Fall Glas Kalk
Kajak Kajak Skala Skala Kajak Skala Kajak Skala Kajak Skala
```

Buchstaben e und i

Der linke Mittelfinger tastet links hoch zum **e**.

Der rechte Mittelfinger tastet links hoch zum **i**.

Tasten Sie die folgende Zeile vor:

```
ded ded ded ded kik kik kik kik ded ded kik kik ded ded kik
```

Buchstaben r und u

Der linke Zeigefinger tastet links hoch zum **r**.

Der rechte Zeigefinger tastet links hoch zum **u**.

Tasten Sie die folgenden Zeilen vor:

```
frf frf frf frf juj juj juj juj frf frf juj juj frf frf juj
ded ded kik kik frf frf juj juj ded ded kik kik frf frf juj
```

Buchstaben t und z

Der linke Zeigefinger tastet rechts hoch zum **t**.

Der rechte Zeigefinger tastet gespreizt links hoch zum **z**.

Die Tastwege zu den Tasten r und t sowie u und z müssen Sie unterscheiden. Nach dem Tastenanschlag kehren die Finger sofort in die Ausgangsposition zurück.

1.4 Buchstaben e, i, r, u, t, z, Komma und Punkt (2)

Tasten Sie die folgenden Zeilen vor:

```
ftf ftf ftf ftf jzj jzj jzj jzj ftf ftf jzj jzj ftf ftf jzj
ded kik frf juj ftf ftf jzj jzj ded kik frf juj ftf jzj ftf
ftf jzj ded frf ftf jzj juj kik kik juj jzj ftf frf ded frf
```

Komma und Punkt

Der rechte Mittelfinger tastet tief rechts zum **Komma**.

Der rechte Ringfinger tastet tief rechts zum **Punkt**.

Tasten Sie die folgenden Zeilen vor:

```
k,k k,k k,k k,k l.l l.l l.l l.l k,k k,k l.l l.l k,k k,k l.l
frf kik l.l ftf k,k ded jzj juj k,k frf l.l ded jzj k,k juj
```

Korrekturtaste und Cursorführung

Mit der Korrekturtaste (Rückschritttaste) löschen Sie das Zeichen links vom Cursor. Dazu tasten Sie mit dem rechten kleinen Finger weit nach rechts oben in die Zifferntastenreihe. Um nachträglich Korrekturen vornehmen zu können, muss der Cursor in die richtige Position gebracht werden. Dazu nehmen Sie mit der rechten Schreibhand die unten stehende Position ein. Hierbei kann der Cursor zeichen- oder sprungweise bewegt werden. Diese Möglichkeiten bieten sich an:

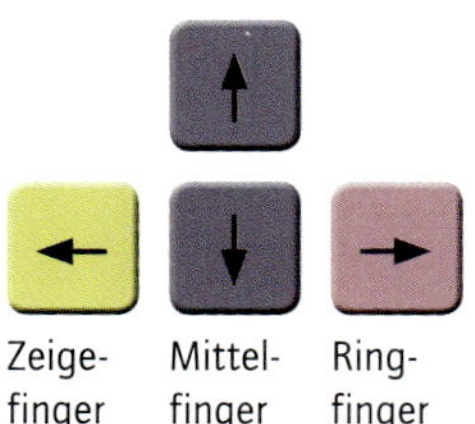

Zeigefinger Mittelfinger Ringfinger

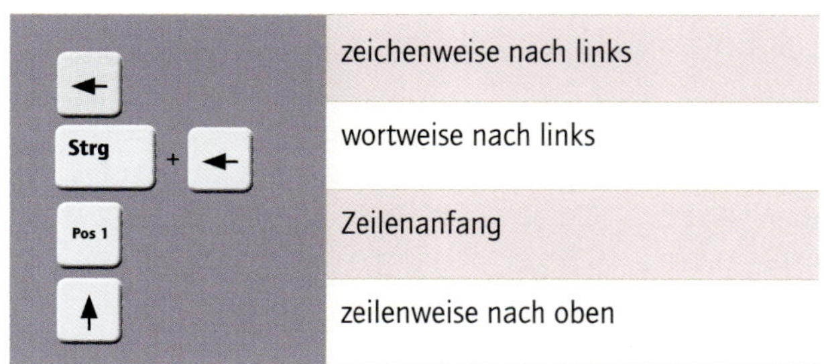

←	zeichenweise nach links
Strg + ←	wortweise nach links
Pos 1	Zeilenanfang
↑	zeilenweise nach oben

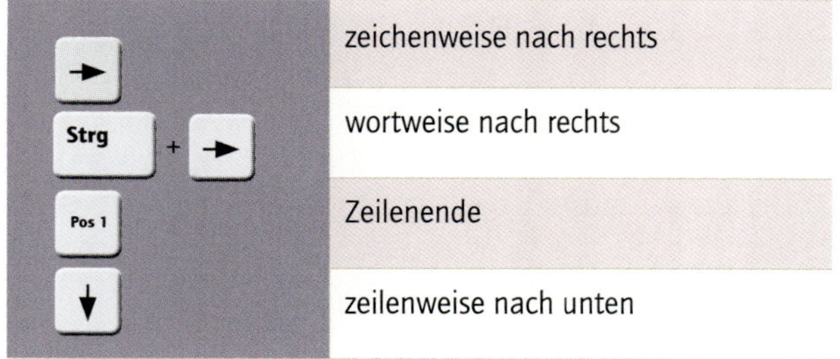

→	zeichenweise nach rechts
Strg + →	wortweise nach rechts
Pos 1	Zeilenende
↓	zeilenweise nach unten

Mit dem Mauszeiger bringen Sie den Cursor ebenfalls in die gewünschte Position. Klicken Sie dazu die linke Maustaste an.

1.4 Buchstaben e, i, r, u, t, z, Komma und Punkt (3)

Motorische Umsetzung – Erfassen Sie jede Zeile zweimal:

```
1 des des des des des des des des öde öde öde öde öde öde öde
2 dir dir dir dir dir dir dir dir der der der der der der der
3 des öde dir der des öde dir der des öde dir der des öde der
4 auf auf auf auf auf auf auf auf aus aus aus aus aus aus aus

5 des des öde öde dir dir der der auf auf aus aus dir der auf
6 alt alt alt alt alt alt alt alt hat hat hat hat hat hat hat
7 zart zart zart zart zart zart kurz kurz kurz kurz kurz kurz
8 alt alt hat hat zart zart kurz kurz alt hat zart kurz altes

9 des öde dir der auf aus alt hat zart kurz alt hat zart kurz
10 öde dir des auf der alt kurz aus zart hat des kurz auf zart
11 lege lege lege lege lief lief lief lief rufe rufe rufe rufe
12 tief tief tief tief tief tief zahlt zahlt zahlt zahlt zahlt

13 lege lege lief lief rufe rufe tief tief zahlte zahlte legte
14 lief lege tief rufe zart lief tief rufe lege lief zart tief
15 auf die des lege zur tief rufe lief zahlt tief dir öde lege
16 die aus alt lief dir zart lege rufe tief alt auf zahlt tief
```

Gymnastische Übungen

Legen Sie die Finger auf eine Tischplatte und ziehen Sie alle Finger einzeln hoch, um die Beweglichkeit der Finger zu erhöhen.

```
17 ja, ja, ja, ja, ja, da, da, da, da, da, es, es, es, es, es,
18 die, die, die, die, auf, auf, auf, auf, alt, alt, alt, alt,
19 fiel. fiel. fiel. fiel. fiel. teil. teil. teil. teil. teil.
20 hell. hell. hell. hell. fiel. teil. hell. fiel. teil. hell.

21 lasse dies, lasse dies, lasse dies, lasse dies, lasse dies,
22 gehe leise, gehe leise, gehe leise, gehe leise, gehe leise,
23 sehr teuer, sehr teuer, sehr teuer, sehr teuer, sehr teuer,
24 erst jetzt gezahlt, erst jetzt gezahlt, erst jetzt gezahlt,

25 der Esel, der Esel, die Idee, die Idee, der Reis, der Reis,
26 das Ufer, das Ufer, das Tief, das Tief, die Zeit, die Zeit.
27 Er zahlt. Er zahlt. Er zahlt. Er zahlt. Er zahlt. Er zahlt.
28 Sie zielt. Sie zielt. Sie zielt. Sie zielt. Sie zielte gut.

29 Er ist fertig. Er ist fertig. Er ist fertig. Er ist fertig.
30 Sie steht auf. Sie steht auf. Sie steht auf. Sie steht auf.
31 Dieter zielte gut. Ruth stellte es auf. Die Frist ist kurz.
32 Der Tee ist teuer. Der Zug hielt heute. Der Zeuge sagt aus.
```

Markieren

Für das Markieren von Textteilen bieten sich über die Tastatur diese Möglichkeiten an:

Zeichen	Umschalter + →	**Textblock**	Strg + Umschalter + ↓
Wort	Strg + Umschalter + →	**Text**	Strg + A
Satz	F8 (dreimal)		

1.5 Buchstaben c, v, m, b und n (1)

Wiederholung – Schreiben Sie die folgenden Zeilen je dreimal:

```
Sie hielt es fest. Sie teilt es aus. Sie zerlegte es jetzt.
Er stellte es her. Er kaufte es ihr. Er sagt es sehr ruhig.
```

Buchstabe c

Der linke Mittelfinger tastet rechts tief zum **c**.

Tasten Sie die folgende Zeile vor:

```
dcd dcd dcd dcd k,k k,k k,k k,k dcd dcd k,k k,k dcd k,k dcd
```

Buchstaben v und m

Der linke Zeigefinger tastet rechts tief zum **v**.

Der rechte Zeigefinger tastet rechts tief zum **m**.

Tasten Sie die folgenden Zeilen vor:

```
fvf fvf fvf fvf jmj jmj jmj jmj fvf fvf jmj jmj fvf fvf jmj
dcd dcd fvf fvf jmj jmj dcd fvf jmj dcd fvf jmj dcd fvf jmj
```

Buchstaben b und n

Der linke Zeigefinger tastet gespreizt rechts tief zum **b**.

Der rechte Zeigefinger tastet tief links zum **n**.

Die Tastwege zum b und v dürfen Sie nicht verwechseln. Beachten Sie darum die Griffrichtung und -entfernung genau. Kehren Sie nach dem Tastenanschlag sofort in die Grundstellung zurück.

1.5 Buchstaben c, v, m, b und n (2)

Tasten Sie die folgenden Zeilen vor:

fbf fbf fbf fbf jnj jnj jnj jnj fvf fbf fvf fbf jmj jnj jnj
dcd fvf jmj fbf jnj dcd fvf jmj fbf jnj fbf fvf jnj jmj fbf

Motorische Umsetzung – Erfassen Sie jede Zeile zweimal:

1 dick dick dick dick dick dick auch auch auch auch auch auch
2 dick dick auch auch dick dick auch auch dick auch dick auch
3 viel viel viel viel vier vier vier vier viel vier viel vier
4 mehr mehr mehr mehr mehr mehr kaum kaum kaum kaum kaum kaum

5 dick dick auch auch viel vier mehr mehr kaum kaum dick vier
6 bald bald bald bald bald bald bilde bilde bilde bilde bilde
7 bald bald bilde bilde bald bilde bald bilde bald bilde bald
8 nach nach nach nach nach nach fand fand fand fand fand fand

9 auch vier mehr kaum bald nach fand dick viel nach fand auch
10 dies versichern, nichts versichern, dies versichern können,
11 jetzt berichten, schnell berichten, sehr schnell berichten,
12 nicht vermeiden, schnell vermeiden, alles vermeiden können,

13 der Chef, der Chef, in Chile, in Chile, in Celle, in Celle,
14 die Vase, die Vase, die Visa, die Visa, die Vase, die Visa,
15 das Meer, das Meer, die Mark, die Mark, das Meer, die Mark,
16 das Bild, das Bild, das Buch, das Buch, das Bild, das Buch,

Gymnastische Übungen

a) Ziehen Sie Ihre Schultern einige Male hoch und lassen Sie sie locker herunterfallen.

b) Strecken Sie die Arme aus und bewegen Sie die einzelnen Finger ganz schnell.

Motorische Umsetzung – Erfassen Sie jede Zeile zweimal:

17 nach Chile fliegen, nach Chile fliegen, den Vater besuchen,
18 den Vater besuchen, die schönen Bilder, die schönen Bilder,
19 auf dem Markt, auf dem Markt, das neue Netz, das neue Netz,
20 sein Vater, schöne Bilder, auf dem Markt, dieses neue Netz.

21 Beate besuchte uns. Beate besuchte uns. Beate besuchte uns.
22 Sandra bezahlte es. Sandra bezahlte es. Sandra bezahlte es.
23 Jan fand sein Buch. Jan fand sein Buch. Jan fand sein Buch.
24 Beate besuchte uns. Sandra bezahlte es. Jan fand sein Buch.

25 Hans nahm das Bild. Hans nahm das Bild. Hans nahm das Bild.
26 Stefan rief uns an. Stefan rief uns an. Stefan rief uns an.
27 Vera gibt uns diesen Bericht. Vera gibt uns diesen Bericht.
28 Eva fuhr gestern nach Berlin. Vera gibt uns diesen Bericht.

29 Der Mitarbeiter hat diesen Brief erst am Dienstag erhalten.
30 Alle bestellten Schreibtische sind zurzeit nicht lieferbar.
31 Erst Mitte Februar aber ist mit einer Lieferung zu rechnen.
32 Der Mitarbeiter erinnert sich, den Kunden gemahnt zu haben.

1.6 Buchstaben w, o, x und Doppelpunkt (1)

Wiederholung – Schreiben Sie die folgenden Zeilen je dreimal:

```
Das Unternehmen bittet darum, den Restbetrag zu begleichen.
Der Kunde beanstandet, die Sendung nicht erhalten zu haben.
```

Linke Hand **Rechte Hand**

Buchstaben w und o

Der linke Ringfinger tastet links hoch zum **w**.

Der rechte Ringfinger tastet links hoch zum **o**.

Tasten Sie die folgende Zeile vor:

```
sws sws sws sws lol lol lol lol sws sws lol lol sws lol sws
```

Buchstabe x und Doppelpunkt

Der linke Ringfinger tastet rechts tief zum **x**.

Der linke kleine Finger bedient den Umschalter, während der rechte Ringfinger tief rechts zum **Doppelpunkt** tastet.

Tasten Sie die folgenden Zeilen vor:

```
sxs sxs sxs sxs l:l l:l l:l l:l sxs sxs l:l l:l sxs l:l sxs
sws lol sxs l:l sws lol sxs l:l sxs lol sws l:l lol sxs sws
```

1.6 Buchstaben w, o, x und Doppelpunkt (2)

Motorische Umsetzung – Erfassen Sie jede Zeile zweimal:

1 wie wie wie wie wie wie wie wie was was was was was was was
2 wie wie was was wie was wie wie wie was wie was wie was wie
3 lose lose lose lose lose lose soll soll soll soll soll soll
4 lose lose soll soll lose soll lose soll lose soll lose soll

5 fixe fixe fixe fixe fixe fixe mixt mixt mixt mixt mixt mixt
6 fixe fixe mixt mixt fixe mixt fixe mixt fixe mixt fixe mixt
7 wie wie was was lose lose soll soll fixe fixe mixt mixt wie
8 wie was lose soll fixe mixt wie fixe lose was soll mixt wie

9 weil weil weil weil weil wieder wieder wieder wieder wieder
10 weil weil wieder wieder weil wieder weil wieder weil wieder
11 boxe boxe boxe boxe boxe boxe exakt exakt exakt exakt exakt
12 boxe boxe exakt exakt boxe exakt boxe exakt boxe exakt boxe

13 weil wieder boxe exakt weil wieder boxe exakt wieder exakte
14 wie was lose soll fixe mixt weil wieder boxe exakt weil los
15 boxe lose weil was exakt wieder soll wie weil exakte wieder
16 wieder fixe was weil mixt soll lose exakt wieder soll boxte

Gymnastische Übungen

a) Drehen Sie den linken und rechten Arm abwechselnd und wechseln Sie dabei die Richtung.

b) Schütteln Sie die Hände und Arme danach kräftig aus.

Motorische Umsetzung – Erfassen Sie jede Zeile zweimal:

17 mit dem Wagen, mit dem Wagen, mit dem Wagen, mit dem Wagen,
18 in dem Werk, in den Werken, in diesem Werk, in diesem Werk,
19 einige Wörter, einige Wörter, einige Wörter, einige Wörter,
20 mit dem Wagen, in den Werken, einige Wörter, mit dem Wagen,

21 in diesem Ort, in diesem Ort, in diesem Ort, in diesem Ort,
22 an den Folgen, an den Folgen, an den Folgen, an den Folgen,
23 in guter Form, in guter Form, in guter Form, in guter Form,
24 in diesem Ort, an den Folgen, in guter Form, in diesem Ort,

25 die exakte Schrift, die exakte Schrift, die exakte Schrift,
26 verschiedene Texte, verschiedene Texte, verschiedene Texte,
27 nach Mexiko reisen, nach Mexiko reisen, nach Mexiko reisen,
28 die exakte Schrift, verschiedene Texte, nach Mexiko reisen.

29 Die Wohnung in Xanten soll noch im November bezogen werden.
30 Die Texte sollten schon am Mittwoch in Dortmund eintreffen.
31 Die modernen Textilwaren sollen nach Mexiko gesandt werden.
32 An der Konferenz nehmen teil: Beatrix und Alexandra Winter.

1.7 Buchstaben q, p, y und Mittestrich (1)

Wiederholung – Schreiben Sie die folgenden Zeilen je dreimal:

```
Vor zwei Wochen wurde uns das Sonderangebot noch zugesandt.
Diese Texte sollten schon am Mittwoch in Xanten eintreffen.
```

Buchstaben q und p

Der linke kleine Finger tastet links hoch zum **q**.

Der rechte kleine Finger tastet links hoch zum **p**.

Tasten Sie die folgende Zeile vor:

```
aqa aqa aqa aqa öpö öpö öpö öpö aqa aqa öpö öpö aqa öpö qaq
```

Buchstabe y und Mittestrich

Der linke kleine Finger tastet rechts tief zum **y**.

Der rechte kleine Finger tastet rechts tief zum **Mittestrich**.

Tasten Sie die folgenden Zeilen vor:

```
aya aya aya aya ö-ö ö-ö ö-ö ö-ö aya aya ö-ö ö-ö aya ö-ö aya
aqa öpö aya ö-ö aqa öpö aya ö-ö aya öpö aqa ö-ö öpö aya aqa
```

1.7 Buchstaben q, p, y und Mittestrich (2)

Motorische Umsetzung – Erfassen Sie jede Zeile zweimal:

1 quer quer quer quer quer quer quakt quakt quakt quakt quakt
2 quer quer quakt quakt quer quakt quer quakt quer quakt quer
3 parkt parkt parkt parkt parkt packe packe packe packe packe
4 parkt parkt packe packe parkt packe parkt packe parkt packe

5 lyrisch lyrisch lyrisch lyrische lyrische lyrische lyrische
6 typisch typisch typisch typische typische typische typische
7 lyrisch typisch lyrisch typische lyrische typische lyrische
8 quer quer quakt quakt parkt parkt packe packe lyrisch packe

9 lyrisch typisch quer quakt parkte packte lyrische typisches
10 quitt quitt quitt plant plant plant loyal loyal loyal quitt
11 quitt plant loyal quitt plant loyal quitt plant loyal plant
12 quer quakt parkte packte lyrische typisch quitt plant loyal

13 an der Quelle, an der Quelle, an der Quelle, an der Quelle,
14 starker Qualm, starker Qualm, starker Qualm, starker Qualm,
15 eine Quittung, eine Quittung, eine Quittung, eine Quittung,
16 an der Quelle, starker Qualm, eine Quittung, an der Quelle,

Gymnastische Übungen

Stehen Sie auf und drehen Sie den Kopf einige Male zur Seite. Lockern Sie die Schultern, indem Sie sie hochziehen und wieder herunterfallen lassen.

Motorische Umsetzung – Erfassen Sie jede Zeile zweimal:

17 auf dem Platz, auf dem Platz, auf dem Platz, auf dem Platz,
18 in der Partei, in der Partei, in der Partei, in der Partei,
19 neue Proteste, neue Proteste, neue Proteste, neue Proteste,
20 auf dem Platz, in der Partei, neue Proteste, auf dem Platz,

21 diese Analyse, diese Analyse, diese Analyse, diese Analyse,
22 diese Symbole, diese Symbole, diese Symbole, diese Symbole,
23 das Gymnasium, das Gymnasium, das Gymnasium, das Gymnasium,
24 diese Analyse, diese Symbole, das Gymnasium, diese Symbole,

25 auf- und abgeladen, auf- und abgeladen, auf- und abgeladen,
26 Nah- und Fernziele, Nah- und Fernziele, Nah- und Fernziele,
27 in Berlin-Steglitz, in Berlin-Steglitz, in Berlin-Steglitz,
28 auf- und abgeladen, Nah- und Fernziele, in Berlin-Steglitz.

29 Mehrere Sportler haben sich bei dem Wettkampf qualifiziert.
30 Eva-Maria trainiert systematisch, um sich zu qualifizieren.
31 Das Ludwig-Erhard-Gymnasium bekam jetzt auch neue Computer.
32 Der Mitarbeiter quittiert den Empfang der Personalcomputer.

1.8 Buchstaben ä, ü und ß (1)

Wiederholung – Schreiben Sie die folgenden Zeilen je dreimal:

```
Eva Dreyer hat den Warenein- und -ausgang zu kontrollieren.
Der Postzusteller quittierte uns den Empfang des Bargeldes.
```

Linke Hand **Rechte Hand**

Buchstaben ä und ü

Der rechte kleine Finger spreizt waagerecht zum **ä**.

Der rechte kleine Finger tastet rechts hoch zum **ü**.

Tasten Sie die folgende Zeile vor:

```
öäö öäö öää öäö öüö öüö öüö öüö öäö öäö öüö öüö öäö öüö öüö
```

Buchstabe ß

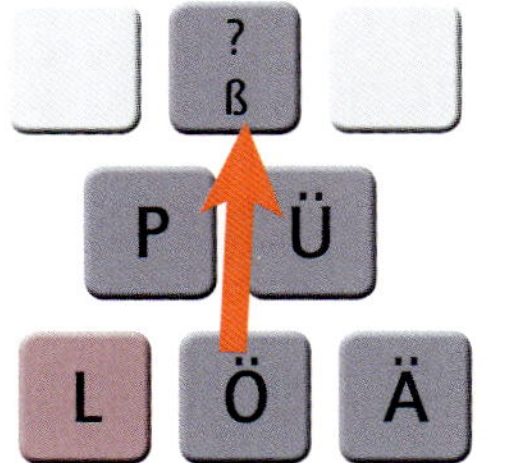

Der rechte kleine Finger tastet fast senkrecht nach oben zum **ß**.

Tasten Sie die folgende Zeile vor:

```
ößö ößö ößö ößö üöß üöß üöß öäö öäö öüö öüö ößö ößö öüö ößö
```

1.8 Buchstaben ä, ü und ß (2)

Motorische Umsetzung – Erfassen Sie jede Zeile zweimal:

1 läge läge läge läge läge läge käme käme käme käme käme käme
2 läge läge käme käme läge käme läge käme läge käme läge käme
3 über über über über über über füge füge füge füge füge füge
4 über über füge füge über füge über füge über füge über füge

5 stößt stößt stößt stößt stößt weißt weißt weißt weißt weißt
6 stößt stößt weißt weißt stößt weißt stößt weißt stößt weißt
7 läge läge käme käme übe übe füge füge stößt stößt weiß weiß
8 füge stößt käme über läge weißt füge stößt über stößt weißt

9 hätte hätte hätte hätte fängt fängt fängt fängt hätte fängt
10 würde würde würde würde müsst müsst müsst müsst würde müsst
11 gießen gießen gießen fleißig fleißig fleißig gießen fleißig
12 hätte fängt würde müsst fleißig gießen würde fleißig müsste

13 kein Ärger, kein Ärger, kein Ärger, kein Ärger, kein Ärger,
14 eine Übung, eine Übung, eine Übung, eine Übung, eine Übung,
15 viel Glück, viel Glück, viel Glück, viel Glück, viel Glück,
16 kein Ärger, eine Übung, viel Glück, kein Ärger, eine Übung,

17 diese Bände, gute Qualität, an den Ständen, in den Ländern,
18 alle Käufer, die Gespräche, in den Häusern, die Vorschläge,
19 diese Güter, einige Bürger, auf dem Rücken, mit viel Glück,
20 besten Gruß, eine Äußerung, große Maßstäbe, größere Fässer.

Geschütztes Leerzeichen

Um zu erreichen, dass zusammengehörige Textteile (z. B. Abkürzungen oder gegliederte Zahlen) in der Randzone nicht auseinandergerissen werden, ist durch **Strg + Umschalter + Leertaste** ein geschütztes Leerzeichen einzugeben.

Abkürzungen

Anschläge

1 Die Veranstaltung findet evtl. im Juni d. J. in Bonn statt. 65
2 Der Parteitag soll im Juli n. J. in Oberhausen stattfinden. 65
3 Diese Arbeitsabläufe sind rationell, d. h., man spart Zeit. 62
4 Am Computer können Sie z. B. durch Fettschrift hervorheben. 63
5 Das Unternehmen bietet Schreibmaschinen, Büromöbel usw. an. 63

6 Im HGB sind gesetzliche Bestimmungen über die KG zu finden. 67
7 Die AG und die GmbH zählt man zu den Kapitalgesellschaften. 66
8 Das Verfahren bei Zivilprozessen ist in der ZPO festgelegt. 66
9 Das ZDF berichtet über das Spiel Hamburger SV – VfL Bochum. 71
10 Die Gewichtseinheiten kg und g fehlten auf dem Preisschild. 63

Schreibregeln

- Ausgesprochene Abkürzungen (z. B. evtl., d. J. usw.) erhalten einen Punkt. Folgen zwei oder mehrere Abkürzungen aufeinander, werden sie mit Leerzeichen geschrieben.
- Hinter buchstäblich gesprochenen Abkürzungen (z. B. HGB, GmbH) oder amtlichen Abkürzungen (z. B. EUR, m, kg) steht kein Punkt.

1.9 Ziffern

Linke Hand **Rechte Hand**

Linker kleiner Finger: 1 und 2. Linker Ringfinger: 3. Linker Mittelfinger: 4. Linker Zeigefinger: 5 und 6. Rechter Zeigefinger: 7 und 8. Rechter Mittelfinger: 9. Rechter Ringfinger: 0.

Tasten Sie die folgenden Zeilen vor:

```
a1a a2a s3s d4d f5f f6f j7j j8j k9k l0l k9k j8j j7j f6f f5f
j8j a1a l0l d4d j8j s3s j7j a2a k9k f6f a2a l0l f5f j8j a1a
```

Motorische Umsetzung – Erfassen Sie jede Zeile zweimal:

```
1  1 Aktie, 1 Aktie, 1 Aktie, 2 Anträge, 2 Anträge, 2 Anträge,
2  3 Sätze, 3 Sätze, 3 Sätze, 30 Länder, 30 Länder, 30 Länder,
3  4 Damen, 4 Damen, 4 Damen, 9 Käufer, 90 Läufer, 900 Läufer,

4  5 Falten, 5 Falten, 5 Falten, 8 Jacken, 8 Jacken, 8 Jacken,
5  6 Fahrer, 6 Fahrer, 6 Fahrer, 7 Jungen, 7 Jungen, 7 Jungen,
6  1 Anlage, 2 Anlagen, 3 Seile, 30 Länder, 4 Deckel, 9 Teile,

7  5 Finger, 8 Kunden, 6 Fehler, 7 Kästen, 12 Arten, 10 Jahre,
8  der 1. Platz, der 2. Fall, die 3. Folge, auf der 30. Seite,
9  die 5. Serie, der 6. Rang, der 7. Punkt, der 189. Besucher.

10 In 12 Disziplinen ermitteln die Sportler heute die Meister.
11 Im Vorverkauf wurden schon 3 867 Eintrittskarten abgesetzt.
12 7 192 Zuschauer verfolgten im letzten Jahr die Wettbewerbe.

13 Ihre Bestellung über 90 m Stoff haben wir gestern erhalten.
14 Die Einwohnerzahl des Stadtteils stieg auf 3 450 Einwohner.
15 In der benachbarten Großstadt wohnen nun 648 500 Einwohner.
```

Schreibregeln

- Vor und nach einer Zahl steht ein Leerzeichen.
- In Ordnungszahlen folgt das Leerzeichen hinter dem Punkt.
- Zahlen mit mehr als drei Stellen dürfen durch je ein Leerzeichen oder durch einen Punkt (Währungsbeträge) in dreistellige Gruppen gegliedert werden.
- Zwischen Zahlen und den dazugehörigen Einheiten, z. B. Maß-, Gewichts- und Währungseinheiten, sollten Sie ein geschütztes Leerzeichen eingeben, um zu verhindern, dass sie am Zeilenende getrennt werden.

1.10 Sonderzeichen (1)

Ausrufezeichen, Anführungszeichen, Paragraf, Dollar, Prozent, „und"

Ausrufezeichen !

Der rechte kleine Finger bedient den Umschalter, während der linke kleine Finger nach links oben zum Ausrufezeichen tastet.

Anführungszeichen "

Der rechte kleine Finger bedient den Umschalter, während der linke kleine Finger senkrecht nach oben zum Anführungszeichen tastet.

Paragrafzeichen §

Der rechte kleine Finger bedient den Umschalter, während der linke Ringfinger senkrecht nach oben zum Paragrafzeichen tastet.

Dollarzeichen $

Der rechte kleine Finger bedient den Umschalter, während der linke Mittelfinger senkrecht nach oben zum Dollarzeichen tastet.

Prozentzeichen %

Der rechte kleine Finger bedient den Umschalter, während der linke Zeigefinger senkrecht nach oben zum Prozentzeichen tastet.

Und-Zeichen &

Der rechte kleine Finger bedient den Umschalter, während der linke Zeigefinger nach rechts oben zum Und-Zeichen tastet.

Tasten Sie vor:

```
a!a  a!a  a!a  a!a  a"a  a"a  a"a  a"a  s§s  s§s  s§s  s§s  d$d  d$d  d$d
d$d  f%f  f%f  f%f  f%f  f&f  f&f  f&f  f&f  a!a  a"a  s§s  d$d  f%f  f&f
```

Schrägstrich, Vorklammer, Nachklammer, Gleichheitszeichen, Fragezeichen

Schrägstrich /

Der linke kleine Finger bedient den Umschalter, während der rechte Zeigefinger nach links oben zum Schrägstrich tastet.

Vorklammer (

Der linke kleine Finger bedient den Umschalter, während der rechte Zeigefinger senkrecht nach oben zur Vorklammer tastet.

Nachklammer)

Der linke kleine Finger bedient den Umschalter, während der rechte Mittelfinger senkrecht nach oben zur Nachklammer tastet.

Gleichheitszeichen =

Der linke kleine Finger bedient den Umschalter, während der rechte Ringfinger senkrecht nach oben zum Gleichheitszeichen tastet.

Fragezeichen ?

Der linke kleine Finger bedient den Umschalter, während der rechte kleine Finger senkrecht nach oben zum Fragezeichen tastet.

Tasten Sie vor:

```
j/j  j/j  j/j  j/j  j(j  j(j  j(j  j(j  k)k  k)k  k)k  k)k  l=l  l=l  l=l
l=l  ö?ö  ö?ö  ö?ö  ö?ö  j/j  j(j  k)k  l=l  ö?ö  k)k  j/j  ö?k  j(j  l=l
```

1.10 Sonderzeichen (2)

Motorische Umsetzung – Erfassen Sie jede Zeile zweimal:

		Anschläge
1	Guten Tag! Guten Abend! Alles Gute! Sehr schön! Gute Reise!	74
2	Marken „Antik" und „Anker", Modell „Nizza", Hotel „Am Zoo".	76
3	Unser wichtigster Grundsatz lautet: „Alles für den Kunden!"	68
4	Nach § 1 BGB ist Kaufmann, wer ein Handelsgewerbe betreibt.	67
5	Der Mitangeklagte war nach den §§ 37 und 242 StGB schuldig.	67
6	Der Betrag von 44 $ ist noch in diesem Monat zu überweisen.	64
7	Unser Unternehmen konnte die Umsätze sogar um 5 % steigern.	64
8	Auf bestimmte Artikel gewährt das Unternehmen 9 % Nachlass.	65
9	Natürlich sind wir mit dem 10%igen Gewinn wieder zufrieden.	59
10	Die Firma Walter & Co. KG hat den Insolvenzantrag gestellt.	68
11	Bei Firma Roth & Sohn OHG wurde eine Bestellung aufgegeben.	69
12	Den Auftrag 677/9 können wir erst im Juli/August ausführen.	66
13	Hering & Söhne OHG können erst im August/September liefern.	69
14	In dem Rechtsstreit Mai ./. Neu wurde die Klage zugestellt.	66
15	Senden Sie noch: a) Lebenslauf, b) Schulzeugnisse, c) Foto.	69

Schreibregeln

- Nach Zeichen, die anstelle von Wörtern verwendet werden (z. B. §, $, %, &), bleibt davor und dahinter ein Leerzeichen.
- Zeichen, z. B. §, %, & usw., und Zahlen dürfen Sie als zusammengehörige Teile bei einem Zeilenumbruch nicht trennen. Sie geben zwischen der Zahl und der dazugehörigen Einheit ein geschütztes Leerzeichen ein.
- Anführungszeichen und Klammern werden ohne Leerzeichen vor und nach den Textteilen, die von ihnen eingeschlossen sind, geschrieben.
- Das Zeichen ./. (gegen) wird nur in Rechtsstreitigkeiten verwendet.
- Vor und nach dem Schrägstrich entfallen die Leerzeichen.

Semikolon, Plus und Stern

Der linke kleine Finger tastet zum Umschalter, während der rechte Mittelfinger rechts tief zum Semikolon tastet.

Der rechte kleine Finger spreizt weit rechts hoch zum Pluszeichen. Für den Stern ist zusätzlich der linke Umschalter zu bedienen.

Tasten Sie die folgende Zeile vor:

```
k;k k;k k;k k;k ö+ö ö+ö ö+ö ö+ö ö*ö ö*ö ö*ö ö*ö k;k ö+ö ö*k
```

Akzentzeichen

Zur Taste „accent aigu" gelangen Sie, wenn Sie den rechten kleinen Finger nach rechts oben über das „ü" hinweg zur Akzenttaste bewegen. Wollen Sie die Taste „accent grave" verwenden, bedienen Sie zusätzlich den linken Umschalter. Wenn Sie mit dem linken kleinen Finger weit nach links oben in die Ziffertastenreihe greifen, erreichen Sie die Taste „accent circonflexe". Die Akzente erscheinen nur auf dem Bildschirm, wenn Sie zuerst die Akzenttaste bedienen und danach den darunterstehenden Buchstaben eingeben.

1.11 Schreibregeln

Uhrzeit

Anschläge

1 Die Ausstellungshalle 30 ist bereits ab 09:30 Uhr geöffnet. 59
2 Der Intercity fährt heute Morgen um 07:30 Uhr in Berlin ab. 59
3 Der Zug aus Stuttgart läuft um 00:05 Uhr auf Gleis 3 b ein. 66

Schreibregel

Uhrzeiten kennzeichnet man mit dem Doppelpunkt. In der Uhrzeit sind Stunden, Minuten und Sekunden zweistellig zu schreiben.

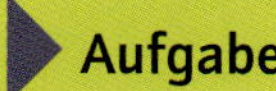

Aufgabe

Schreiben Sie die folgenden Beispiele normgerecht:

5 Minuten nach 9 Uhr – 10 Minuten vor 9 Uhr – 8 Minuten nach 24 Uhr

Kalenderdaten

Anschläge

1 Der Jubilar ist seit dem 1. April 19.. bei uns beschäftigt. 63
2 In der Bezugszeichenzeile steht das neue Datum: 20..-04-01. 64
3 Warum fehlte das Datum 16.04.20.. auf dem Antwortschreiben? 64

Schreibregeln

- Im alphanumerischen Datum wird die Jahreszahl vierstellig geschrieben. Der Monatsname sollte im Fließtext ausgeschrieben werden.
- Das numerische Datum wird in der Reihenfolge Jahr, Monat, Tag durch Mittestriche gegliedert. Die Jahreszahl wird vierstellig, Monat und Tag jedoch zweistellig geschrieben. Sofern keine Missverständnisse entstehen, darf das Datum auch in der Reihenfolge Tag – Monat – Jahr durch Punkte getrennt und ohne Leerzeichen geschrieben werden.

Aufgabe

Schreiben Sie die folgenden Beispiele numerisch:

7. Mai 20.. – 3. Februar 20.. – 10. September 20.. – 3. Januar 20..

Zahlengliederung

Anschläge

1 Unsere Telefonzentrale 5567-1 vermittelt die Ferngespräche. 63
2 Möchten Sie Herrn Hartmann sprechen, wählen Sie 354879-245. 64
3 Die Mitarbeiterin erreichen Sie jetzt unter 02921 3587-236. 63

4 Für das Fernkopieren müssen Sie aber Fax 5544-899 anwählen. 63
5 Übermitteln Sie dem Anwalt die Kopie unter Fax 0228 345-10. 65
6 Geben Sie bitte in der Anschrift unser Postfach 4 56 89 an. 64

7 Unsere neue E-Mail-Adresse lautet: schulze-wvd@t-online.de. 63
8 Frau Neumann erreichen Sie unter neumann@westfalia-wvd.com. 63
9 Auf der Mahnung fehlt die IBAN DE23 4405 0075 0003 4963 28. 69

Schreibregeln

- Die Funktionsbereiche einer Telefon- oder Telefaxnummer (Anbieter, Landesvorwahl, Ortsnetzkennzahl, Einzelanschluss) werden durch je ein Leerzeichen getrennt. Vor der Durchwahlnummer steht ein Mittestrich. Funktionsbezogene Teile dieser Nummern dürfen durch Fettschrift oder Farbe hervorgehoben werden.
- Postfachnummern werden von rechts nach links in zweistellige Gruppen gegliedert.
- E-Mail-Adressen bestehen aus der Empfängerbezeichnung, dem Anbieter des Internetzuganges und der Kennung. Zwischen den Bestandteilen werden nur Punkte oder Mittestriche gesetzt. Die E-Mail-Adresse wird automatisch unterstrichen.
- Internationale Bankleitzahlen (IBAN) gliedern Sie von links nach rechts durch fünf Vierergruppen und eine Zweiergruppe. Davor steht IBAN (International Bank Account Number).

Aufgabe

Schreiben Sie die folgenden Beispiele normgerecht:

Telefonnummer: Vorwahl 0231 – Teilnehmerrufnummer 2345 – Durchwahl 523

Telefaxnummer: Vorwahl 02921 – Teilnehmerrufnummer 34564 – Durchwahl 80

Internationale Bankleitzahlen: DE58230500430025977629 – DE76620200060005363149

1.12 Numerische Tastatur

Wenn überwiegend Zahlen einzugeben sind, ist eine Eingabe über die numerische Tastatur sinnvoll. Dazu bedienen Sie die Taste **Num**. Eine Leuchtdiode über der numerischen Tastatur zeigt den Tastaturstatus an.

Tasten für diese Rechenzeichen sind vorhanden:

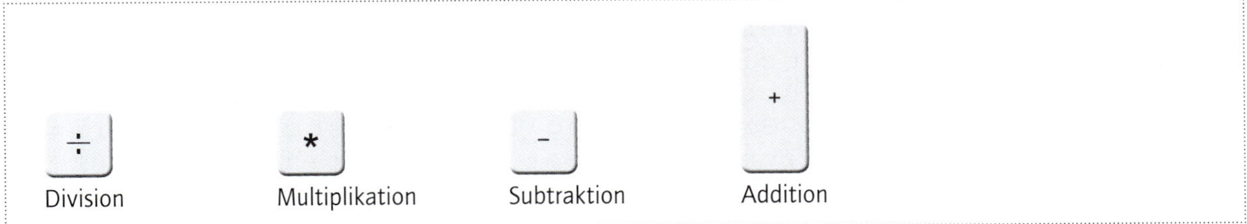

Mit der rechten Hand nehmen Sie im numerischen Tastaturbereich diese Grundstellung ein:

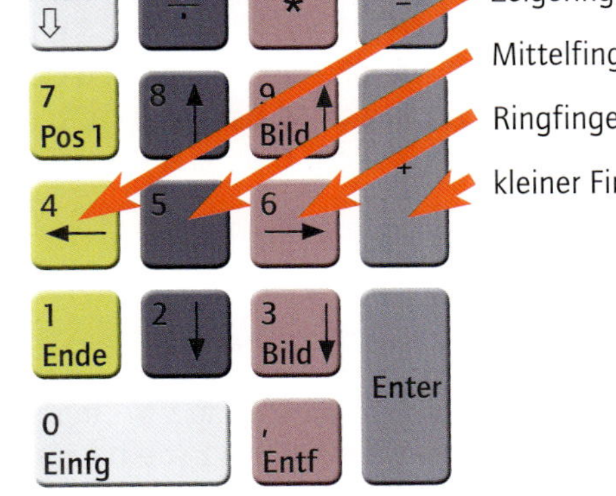

- Der rechte Zeigefinger liegt auf der **4** und schlägt sie an.
- Der rechte Mittelfinger liegt auf der **5** und schlägt sie an.
- Der rechte Ringfinger liegt auf der **6** und schlägt sie an.
- Der rechte Zeigefinger tastet senkrecht hoch zur **7**.
- Der rechte Mittelfinger tastet senkrecht hoch zur **8**.
- Der rechte Ringfinger tastet senkrecht hoch zur **9**.
- Der rechte Zeigefinger tastet senkrecht tief zur **1**.
- Der rechte Mittelfinger tastet senkrecht tief zur **2**.
- Der rechte Ringfinger tastet senkrecht tief zur **3**.
- Die **0** wird mit dem rechten Daumen angeschlagen.
- Der rechte kleine Finger bedient die **+-Taste** und tastet rechts tief zur **Enter-Taste**.
- Der rechte Mittelfinger tastet weit senkrecht hoch zum **Divisionszeichen**.
- Der rechte Ringfinger tastet weit senkrecht hoch zum **Multiplikationszeichen**.
- Der rechte kleine Finger tastet weit senkrecht hoch zum **Subtraktionszeichen**.

Aufgabe

Erfassen Sie diese Übungen:

Grundstellung	Addition	Subtraktion/ Multiplikation	Division/ Nullen	Dezimalzahlen
474	4+4	456-78	55/5	66,66
474	5+5	789-123	555/55	456,66
585	6+6	654-321	525/52	786,66
585	7+7	987-654	745/56	986,65
585	8+8	123-65	2145/58	1236,64
696	9+9	6*6	4785/52	4563,36
696	1+1	66*6	4400	6543,63
474585696	2+2	666*6	5500	8963,36
4140000	3+3	456*4	6600	2563,63
414	4+7+5+8	786*66	7700	6,00
525	6+9+4+1	55*4	8800	5,00
414525636	456789+123	843*3	3300	500,00

2 Training

2.1 Schwerpunktübungen (1)

Buchstabe b

Zeile		Anschläge
1	bilde bitte beide beste leben geben heben haben binde bohrt	60
2	bekam bestellt besteht bezieht besuchte begleicht beachtete	60
3	breit bricht brachte braucht habt lebt hebt gibt webt klebt	60
4	Band Bund Baum Bahn Buch Brief Beleg Beruf Bestellung Beruf	70
5	Sie bestellte. Er bestellte es selbst. Sie bezahlte selbst.	63

Buchstabe c

Zeile		Anschläge
6	dick dich sich mich auch euch durch lacht sucht recht macht	60
7	schaden schlank schließen schmale rascher mischen getauscht	60
8	mich versichern versuchte vergleiche mitgemacht rechtzeitig	60
9	Chlor Christ Chance Chemie Chinesen Chirurg Chronik Courage	68
10	Er lacht. Achte darauf. Sie achtet darauf. Sie verglich es.	64

Buchstabe m

Zeile		Anschläge
11	mal mal mir mir mit mit kam kam dem dem ihm ihm zum zum zum	60
12	machen melden merken munter mieten morgen mäßig müssen kaum	60
13	Markt Mappe Menge Mensch Mieter Monat Mächte Münze Menschen	69
14	der Markt, der Monat, diese Mappe, diese Münze, der Mieter,	65
15	die Macht, das Meer, die Mode, zwei Mädchen, auf dem Markt.	64

Buchstabe n

Zeile		Anschläge
16	nah nah nie nie neu neu den den ihn ihn man man und und nur	60
17	neben neues nenne nehmen nieder notiert näher nächste nützt	60
18	Namen Natur Nadeln Nation Neigung Norden Normen Nässe Nüsse	69
19	der Name, in der Natur, die Nation, im Norden, diese Nässe,	65
20	die Nüsse, die Neigung, der Norden, die Nadeln, die Normen.	65

Buchstabe r

Zeile		Anschläge
21	rief rief raste raste real real reißt reißt rollt rollt rot	60
22	grau grell grob groß grün breit braucht brennt bringe brüte	60
23	Rauch Reste Rente Recht Reich Reize Regen Risse Rund Rücken	70
24	die Reste, das Recht, das Reich, der Regen, auf dem Rücken.	65
25	der Rabatt, die Räder, der Richter, das Referat, die Rohre.	65

2.1 Schwerpunktübungen (2)

Buchstabe t

Zeile	Anschläge
tief tief seit seit fast fast alte alte geht geht treu treu	60
tilgen tiefes teilen tätig tüchtig trennt trocken legt gibt	60
Tafel Tarif Tasche Tausch Tisch Thema Teile Tempo Traum Tat	69
die Tafel, die Tasche, der Tausch, das Thema, dieser Traum,	65
der Turm, der Titel, die Texte, die Treppe, das hohe Tempo.	65

Buchstabe z

Zeile	Anschläge
zart zart zahle zahle zeige zeige zelte zelte zehn zehn zur	60
zerlegt zergeht zerstört zulegen zusetzen zurück zurückgeht	60
Zahn Zeit Ziel Zinn Zoll Zopf Zauber Zucker Zeugnis Züchter	70
der Zahn, diese Zeit, der Zucker, das Zeugnis, dieses Ziel,	65
der Zeiger, die Ziffer, im Zentrum, die Zulage, der Zufall.	65

Buchstabe ä

Zeile	Anschläge
lägen kämen wären sähen klären erhält zähmen nähmen lästige	60
späte hätte fällt nähen längst häufig fähige später während	60
die Ähren, der Käufer, die Männer, hohe Zäune, diese Zähne,	65
der Ärger, sein Ärmel, die Länder, ihre Pässe, junge Bäume,	65
alle Käufer, die Gespräche, in den Häusern, mehrere Städte.	64

Buchstabe ü

Zeile	Anschläge
über füllt dürft würde rückt trübe gütig müssen fühlt nützt	60
müssen fühlen genützt züchten kündigen gewünscht ungenügend	60
übermütig überfüllen überflüssig rückständige rücksichtslos	60
die Übung, die Übernahme, die Übersetzung, die Überschüsse,	64
seine Bemühung, eine Gebühr, die Ausführungen, im Frühling.	64

Buchstabe ß

Zeile	Anschläge
stößt größte ließ weiß große außen gemäß schließen begrüßen	60
der Fleiß, besten Gruß, sehr fleißig, Verträge abschließen,	63
die Späße, viele Grüße, die Äußerung, dieser große Maßstab,	64
dieser Fuß, ihr großer Fleiß, Grüße ausrichten, die Gefäße,	64
große Flüsse, fleißige Mitarbeiter, immer maßvoll vorgehen.	62

2.2 Modul Rechtschreibung

2.2.1 Training: Groß- und Kleinschreibung (1)

Substantivierte (als Hauptwörter gebrauchte) Wörter schreiben Sie groß. Dem substantivierten Wort geht oft ein Artikel (Geschlechtswort) voraus.

Zeile		Anschläge
1	Es ist das Beste, wenn die Politiker sich bald entscheiden.	62
2	Der Präsident wies noch nachdrücklich auf das Folgende hin.	63
3	Unter der neuen Ministerin ändert sich nicht das Geringste.	62
4	Es ist das Richtige, die Ergebnisse erst einmal abzuwarten.	62
5	Der Inhaber ist mit seinen Informationen auf dem Laufenden.	63

Geht dem substantivierten Wort ein Pronomen (Fürwort) oder unbestimmtes Zahladjektiv (Zahlwort) voraus, schreiben Sie ebenfalls groß.

6	Jeder Einzelne ist aufgefordert, sich intensiv einzusetzen.	61
7	Schriftlich hat der Chef alles Wesentliche zusammengefasst.	62
8	In dem Buch muss Anja etwas Wichtiges farblich hervorheben.	63
9	Die Information bedeutet für alle Beteiligten nichts Gutes.	63
10	Der Vortrag in der Hochschule enthielt wenig Interessantes.	63

Geht dem substantivierten Wort eine Präposition (Verhältniswort) voraus, schreiben Sie das Wort groß.

11	Sie sind sich darüber im Klaren, nun eine Lösung zu finden.	62
12	Im Allgemeinen verhalten wir uns in solchen Fällen neutral.	62
13	Der Dozent hielt seine Vorträge ausschließlich in Englisch.	63
14	In der Arena sahen die Besucher Fahnen in Schwarz und Gelb.	65
15	Sie hoffen, dass die Feier bei Alt und Jung Anklang findet.	64

Nach einem Adjektiv (Eigenschaftswort) schreiben Sie das folgende substantivierte Wort groß.

16	Nach langem Hin und Her einigten sich alle Vertragspartner.	63
17	Bei den Verhandlungen wird ein sicheres Auftreten erwartet.	62
18	Gutes Lesen und Schreiben wird bei Bewerbern vorausgesetzt.	63
19	Langes Suchen nützte nichts; sie fand die Handtasche nicht.	63
20	Durch frühes Aufstehen vermeiden alle Beschäftigten Stress.	62

Verwenden Sie Adverbien (Umstandswörter), Präpositionen (Verhältniswörter) oder Konjunktionen (Bindewörter) als Substantive (Hauptwörter), schreiben Sie groß.

21	Bei der Bewertung muss er das Gestern und Vorgestern sehen.	63
22	Sie entschieden, auf das ganze Drum und Dran zu verzichten.	62
23	In solchen Fällen muss sie auch das Für und Wider bedenken.	63
24	In der Sitzung störte vor allem das ständige Wenn und Aber.	63
25	Ihnen geht es nicht nur um das Ob, sondern auch um das Wie.	62

2.2.2 Training: Groß- und Kleinschreibung (2)

Verwenden Sie Infinitive (Grundformen) als Substantive (Hauptwörter), schreiben Sie diese groß.

Zeile		Anschläge
1	Alle Schüler besuchen den Kurs, um das Lesen zu verbessern.	63
2	Manche Arbeiten können die Mitarbeiter im Sitzen erledigen.	63
3	Die Großmutter hört schlecht; da hilft nur lautes Sprechen.	63
4	Sie erfuhr, dass sich der Sportler beim Springen verletzte.	62
5	Nach der Veranstaltung werden Helfer zum Aufräumen gesucht.	63

Lassen Sie den Artikel (Geschlechtswort), die Präposition (Verhältniswort) oder eine nähere Bestimmung weg, können Sie in bestimmten Fällen groß- oder kleinschreiben.

Zeile		Anschläge
6	In der Grundschule lernen alle Schüler Lesen und Schreiben.	64
7	Beim Kochen ist Probieren wichtig, um nachwürzen zu können.	62
8	Er beabsichtigt, so bald wie möglich Schwimmen zu erlernen.	61
9	Um fit zu bleiben, empfiehlt sich Bewegen an frischer Luft.	62
10	Alle Mitarbeiter achten auf Öffnen und Schließen der Türen.	64

Adjektive (Eigenschaftswörter) oder Partizipien (Mittelwörter) schreiben Sie klein, wenn sie sich auf ein vorausgehendes oder folgendes Substantiv (Hauptwort) beziehen.

Zeile		Anschläge
11	Die Kleider gefallen ihr gut, ganz besonders aber das rote.	61
12	Bei diesem Wettbewerb war er der schnellste der Teilnehmer.	62
13	Es ist bekannt, dass alte Hosen oft bequemer sind als neue.	61
14	Der Verkäufer zeigt uns die Modelle, zuerst aber die neuen.	62
15	Der Professor lobte die Studierende als die zuverlässigste.	62

Superlative (2. Steigerungsstufe) mit „am", nach denen Sie „wie?" fragen können, schreiben Sie klein.

Zeile		Anschläge
16	Es ist am besten, wenn sie sich rechtzeitig bei ihm meldet.	60
17	Das Erlebnis war für alle Touristen natürlich am schönsten.	62
18	Der Zugführer betont, dass dieser Zug am schnellsten fährt.	62
19	Es ist am zweckmäßigsten, leichte Aufgaben gleich zu lösen.	61
20	Es erscheint uns am wichtigsten, die Fragen zu beantworten.	61

Feste adverbiale Wendungen (Wendungen mit Umstandswörtern) aus „aufs" oder „auf das" und einem Superlativ, können Sie groß- oder kleinschreiben. Sie lassen sich mit „wie?" erfragen.

Zeile		Anschläge
21	Es ist uns unerklärlich, dass er aufs Heftigste erregt war.	61
22	Bei dem Besuch wurde der Minister aufs Herzlichste begrüßt.	63
23	Weiß er, dass sich die Aufgabe aufs Einfachste lösen lässt?	63
24	Bis Tom das Ergebnis erfuhr, war er aufs Äußerste gespannt.	63
25	Der Gast erwartet, auf das Königlichste bewirtet zu werden.	61

2.2.3 Training: Groß- und Kleinschreibung (3)

In festen adverbialen Wendungen aus Präposition und nicht dekliniertem Adjektiv (Eigenschaftswort) ohne Artikel (Geschlechtswort) schreiben Sie klein. Ist das Adjektiv dekliniert, kann es groß- oder kleingeschrieben werden.

Zeile | Anschläge

1 Die Gäste kamen von nah und fern, um die Feier zu besuchen. 62
2 Wir erwarten, dass er sich über kurz oder lang entscheidet. 60
3 Mit solchen Fragen haben wir uns von klein auf beschäftigt. 61
4 Die Beitrittsverhandlungen werden bis auf Weiteres vertagt. 62
5 Mit dem Fernglas können sie den Flug von Weitem betrachten. 63

Im Allgemeinen schreiben Sie die Wörter „viel", „wenig", „eine" oder „andere" klein. Wenn Sie aber den substantivischen Charakter betonen möchten, dürfen Sie diese Wörter auch großschreiben.

6 Diese Ergebnisse sind den vielen unter ihnen nicht bekannt. 61
7 Die anderen interessiert es nicht, wie das Ergebnis lautet. 61
8 Es ist bekannt, dass sich die meisten nicht damit befassen. 60
9 Den einen ist es egal, die anderen sind völlig unbeteiligt. 60
10 Diese Gründe sind nur wenigen bekannt, die sich engagieren. 61

Die Bezeichnungen von Tageszeiten nach Adverbien (Umstandswörtern) wie „gestern", „heute" oder „morgen" schreiben Sie groß, weil sie als Substantive (Hauptwörter) angesehen werden. Adverbien, z. B. „morgens" oder „abends", schreiben Sie immer klein.

11 Die Bürostühle trafen gestern Morgen pünktlich bei uns ein. 62
12 Sie waren vorgestern Abend bei diesem Werk bestellt worden. 62
13 Noch heute Nachmittag müssen Sie neue Bürostühle bestellen. 62
14 Ist es richtig, dass der Chef erst morgen Mittag eintrifft? 63
15 Solche Tätigkeiten müssen Sie morgens und abends erledigen. 62

Die Substantive (Hauptwörter) für Wochentage schreiben Sie groß. Adverbien (Umstandswörter), z. B. „dienstags" oder „freitags", schreiben Sie aber klein.

16 Unser Verkaufsberater möchte Sie noch am Dienstag besuchen. 63
17 Die Verkaufsleiterin kommt am Montag wieder in den Betrieb. 63
18 Diese Beratung soll am Donnerstag oder Freitag stattfinden. 63
19 Die Belastung ist für alle Mitarbeiter freitags am größten. 62
20 Sollen die Besprechungen demnächst nur noch mittwochs sein? 62

Verbindungen aus Wochentagen und Tageszeiten, z. B. „Mittwochabend" oder „Freitagmorgen", schreiben Sie meistens zusammen.

21 Die Mitarbeiterin kam am Mittwochabend spät von der Arbeit. 63
22 Am Montagmorgen fährt der Mitarbeiter zur Messe nach Essen. 64
23 Diese Laserdrucker werden erst am Freitagmittag eintreffen. 62
24 Die Läufer trainieren immer montagabends und samstagabends. 61
25 Sie freute sich, denn eines Samstagabends besuchte sie sie. 61

2.2.4 Training: Getrennt- und Zusammenschreibung (1)

Zusammensetzungen mit Verben (Zeitwörtern) können gelegentlich aus denselben oder ähnlichen Wörtern bestehen wie getrennt geschriebene Wortgruppen. Bei den Zusammensetzungen aus Adverb (Umstandswort) und Verb ist das Adverb meistens deutlich stärker betont als das Verb.

Zeile		Anschläge
1	Bei dem Unglück sind sie mit einem Schrecken davongekommen.	62
2	Ist es richtig, dass Eva an dem Wettkampf teilgenommen hat?	63
3	Wurde Tanja aufgefordert, dazubleiben und nicht wegzugehen?	62
4	Die Juristen werden sich mit diesem Fall auseinandersetzen.	62
5	Von diesem Punkt an müssen diese Bergsteiger aufwärtsgehen.	62

Wörter schreiben Sie zusammen, wenn der erste Bestandteil als frei vorkommendes Wort ungebräuchlich ist.

Zeile		Anschläge
6	Die Sachbearbeiterin prüft, ob alle Angaben übereinstimmen.	62
7	Die neue Journalistin wird sich sehr schnell zurechtfinden.	61
8	Er geht davon aus, dass Nadine den Artikel bevorzugen wird.	62
9	Meinen Sie, dass diese Regelung vieles zunichtemachen wird?	63
10	Nach dem Eklat wird der Lehrer die Schülerin zurechtweisen.	63

Ist der erste Bestandteil einer Zusammensetzung ein Substantiv (Hauptwort), schreiben Sie meistens getrennt. Ist das Substantiv aber verblasst, schreiben Sie die Wortteile zusammen.

Zeile		Anschläge
11	Auf dem See möchten die Schüler wieder Schlittschuh laufen.	63
12	Vor dem Stadion müssen die Zuschauer jetzt Schlange stehen.	63
13	Am kommenden Dienstag möchten die Sportler gern Rad fahren.	63
14	Alle Zuschauer wollen natürlich an diesem Erfolg teilhaben.	62
15	Es macht Jung und Alt Freude, auf solchen Seen eiszulaufen.	64

Wortzusammensetzungen aus zwei Verben (Zeitwörtern) schreiben Sie in der Regel getrennt. Die Zusammensetzung aus „kennen" und „lernen" dürfen Sie zusammen oder getrennt schreiben. Verbindungen mit „sein" schreiben Sie immer getrennt.

Zeile		Anschläge
16	Bei dem schönen Wetter wollen die Besucher spazieren gehen.	62
17	Es ist sicher, dass nur sehr wenige Schüler sitzen bleiben.	61
18	Frank hat den Artikel bezahlt, aber trotzdem liegen lassen.	61
19	Diese Chemiker wollen auch das neue Verfahren kennenlernen.	62
20	Mit der hervorragenden Leistung können alle zufrieden sein.	61

Zusammensetzungen können einfache, unflektierte Adjektive (Eigenschaftswörter) als bedeutungsverstärkende oder bedeutungsmindernde erste Bestandteile haben, mit denen sich oft längere Reihen bilden lassen. Zusammensetzungen können auch aus gleichrangigen Adjektiven gebildet werden. Solche Zusammensetzungen schreiben Sie zusammen.

Zeile		Anschläge
21	Viele Arbeiter klagen darüber, dass es noch bitterkalt ist.	61
22	Die Ministerin gab nur die halboffizielle Stellungnahme ab.	62
23	Die Trikots des Vereins sind bei dem Pokalspiel dunkelblau.	63
24	Sie können davon ausgehen, dass diese Hose superbequem ist.	61
25	Der Kunde bestellt jetzt eine extragroße Sonderanfertigung.	62

2.2.5 Training: Getrennt- und Zusammenschreibung (2)

Partizipien (Mittelwörter) richten sich nach den zugrunde liegenden Verbindungen mit Verben (Zeitwörtern). Neben der Getrenntschreibung ist auch eine Zusammenschreibung möglich. Je nach Zusammenhang können Wortgruppen oder Zusammensetzungen vorliegen.

Zeile | Anschläge

1 Er bedauert es, dass dieses Dokument verloren gegangen ist. 61
2 In der Eisen verarbeitenden Industrie gab es keine Gewinne. 63
3 Die Erdöl fördernden Länder wollen die Fördermengen senken. 63
4 Der Bürgermeister begrüßte die gewinnbringende Investition. 62
5 Die alleinerziehende Mutter förderte ihre Kinder besonders. 63

Ein verblasstes Substantiv (Hauptwort) schreiben Sie mit einer Präposition (Verhältniswort) zusammen, wenn die Fügung zu einer neuen Präposition oder zu einem Adverb (Umstandswort) geworden ist. In manchen Fällen kann die Fügung auch als Wortgruppe angesehen werden. Sie ist dann getrennt zu schreiben.

6 Susanne wird diese Position anstelle von Stefanie bekommen. 62
7 Sie wird aufgrund des Vorfalls nicht zum Dienst erscheinen. 62
8 Sich passiv zu verhalten, kommt für ihn aber nicht infrage. 60
9 Durch ständige Überforderung wird er sich zugrunde richten. 61
10 Als Beate zu Fuß ankam, war die Vorführung bereits zu Ende. 64

Ableitungen von geografischen Namen auf „-er" schreiben Sie im Allgemeinen getrennt.

11 In der Essener Innenstadt staute sich am Abend der Verkehr. 64
12 Die Lübecker Bucht ist für die Urlauber ein beliebtes Ziel. 64
13 War sie schon am Stettiner Haff und am Greifswalder Bodden? 65
14 Melden Sie sich für diese Fahrt in die Lüneburger Heide an. 64
15 Durch den Pfälzer Wald fährt der Bus weiter nach Straßburg. 64

Wenn der Wortteil „weiter" eine untrennbare Verbindung mit dem folgenden Verb (Zeitwort) bildet, schreiben Sie das Wort zusammen. Die Betonung liegt dann auf „weiter".
„Wieder" wird in Verbindung mit Verben (Zeitwörtern) und Adjektiven (Eigenschaftswörtern) zusammengeschrieben, wenn „wieder" im Sinne von „zurück" verstanden wird. Eine Zusammenschreibung ist auch erforderlich, wenn „wieder" im Sinne von „nochmals" oder von „wiederholen" gebraucht wird.

16 Nach langen Beratungen will der Präsident nun weitermachen. 62
17 Der Mitarbeiter beabsichtigt, sich nun doch weiterzubilden. 61
18 Es ist erforderlich, das Material noch weiterzuverarbeiten. 61
19 Er kann dieses Zitat des berühmten Autors auch wiedergeben. 62
20 Der Inhaber möchte das Geschäft Anfang Juli wiedereröffnen. 64

In Wortzusammensetzungen mit Verben (Zeitwörtern) wird „zurück" zusammengeschrieben.
Vor einem folgenden Verb (Zeitwort) oder Partizip (Mittelwort) wird getrennt geschrieben, wenn „zusammen" so viel wie „gemeinsam" oder „gleichzeitig" bedeutet. In allen anderen Fällen werden die Wörter zusammengeschrieben.

21 Der Bewerber hat seine Bewerbung am Dienstag zurückgezogen. 63
22 Bevor Tom den Film abspielt, muss er das Band zurückspulen. 63
23 Um einparken zu können, muss Anja ihren Wagen zurücksetzen. 62
24 Die Mitarbeiterin muss die Unterlagen noch zusammenstellen. 62
25 Beide Unternehmen planen, sich im Juni zusammenzuschließen. 62

2.2.6 Training: Gleich oder ähnlich klingende Wörter

„Fiel" ist eine Vergangenheitsform des Verbs (Zeitwortes) „fallen". Darum schreiben Sie das Wort mit „f". „Viel" ist ein unbestimmtes Zahladjektiv, das Sie mit „v" schreiben.

Zeile		Anschläge
1	Es **fiel** uns nicht auf, als Jens versuchte, uns zu täuschen.	61
2	Die Lehrerin dachte nach, aber es **fiel** ihr nichts dazu ein.	61
3	Wissen Sie, ob ihr diese Aufführung auch wieder gut **gefiel**?	63
4	Von ihrer Reise hatten die Urlauber jetzt **viel** zu erzählen.	62
5	Zu diesem Fußballspiel waren doch **viele** Zuschauer gekommen.	62

Die Vorsilbe „ent-" schreiben Sie mit „t", während Zusammensetzungen oder Ableitungen von „Ende" mit „d" geschrieben werden.

Zeile		Anschläge
6	Wenn er sich **entfalten** kann, wird er nicht **enttäuscht** sein.	60
7	Der Chef hat **ent**schieden, diese **Ent**wicklung voranzutreiben.	62
8	Ein **Ent**wurf sieht vor, die Familien demnächst zu **ent**lasten.	62
9	Nach der langen Reise erreichen sie **end**lich die **End**station.	62
10	Es ist **end**gültig, dass das **End**ergebnis bald verkündet wird.	61

„Seid" ist eine konjugierte (gebeugte) Form des Hilfsverbs (Hilfszeitwortes) „sein". Sie schreiben das Wort mit „d". In Zeitangaben schreiben Sie „seit" als Präposition (Verhältniswort) oder als Konjunktion (Bindewort) mit „t".

Zeile		Anschläge
11	**Seid** ihr nun zu dieser Festveranstaltung eingeladen worden?	62
12	Wann **seid** ihr von der Urlaubsreise aus Asien zurückgekehrt?	63
13	Seit dem 1. Mai d. J. gelten neue Regeln im Straßenverkehr.	64
14	Unsere Einkaufsleiterin ist **seit** Ende Februar im Ruhestand.	64
15	**Seitdem** er die neue Aufgabe hat, macht ihm die Arbeit Spaß.	63

„Wieder" schreiben Sie mit „ie", wenn es im Sinne von „noch einmal" oder „erneut" gebraucht wird. Verwenden Sie „wider" für „gegen" oder „entgegen", schreiben Sie nur das „i".

Zeile		Anschläge
16	Im August möchte sie sich **wieder** an dem Projekt beteiligen.	62
17	Der Lernstoff prägt sich gut ein, wenn Sie ihn **wieder**holen.	62
18	Die Vorstandsmitglieder rechnen heute mit einer **Wieder**wahl.	62
19	Sie berichtete darüber, was ihr am Freitag **wider**fahren ist.	61
20	Die Zeugin **wider**rief in der Hauptverhandlung ihre Aussagen.	63
21	Der Prüfling dachte nach, doch es **fiel** ihm nichts mehr ein.	61
22	Zu dem Fußballspiel am Mittwoch kamen doch **viele** Zuschauer.	63
23	Diese **Ent**fernung legten sie problemlos an einem Tag zurück.	62
24	**Seid** ihr über dieses Abstimmungsergebnis informiert worden?	62
25	Die Mannschaft feiert den **Wieder**aufstieg in die Bundesliga.	63

2.2.7 Training: ss oder ß?

Nach einem kurzen, betonten Vokal (Selbstlaut) geben Sie das stimmlose „s" meistens als „ss" wieder.

Zeile | Anschläge

1 Ob das Fass bis Dienstag geliefert wird, ist noch ungewiss. 62
2 Viele Wissenschaftler besuchen diesen Kongress in Russland. 63
3 Viele wissen, dass die Wolga der längste Fluss Europas ist. 63
4 Es ist gewiss, dass diesmal keine Zuschüsse gewährt werden. 61
5 Bei starken Regenfällen treten einige Flüsse über die Ufer. 63

Das „ss" schreiben Sie in zusammengesetzten Wörtern auch an der Wortfuge, also nach einem Bestimmungswort oder nach einer Vorsilbe.

6 Nach der Auseinandersetzung ziehen sie einen Schlussstrich. 62
7 Vor den wichtigen Spielen wird das Kurzpassspiel trainiert. 62
8 Ein Bagger muss den Flusssand bis Anfang August ausbaggern. 64
9 Mehrere Wissenschaftler nehmen an der Kongresssitzung teil. 62
10 Durch Unwetter hatte die Flussschifffahrt wenige Fahrgäste. 63

Nach einem lang gesprochenen Vokal (Selbstlaut) setzen Sie für das stimmlose „s" das „ß" ein.

11 Bei dieser Bergtour brach sich der Tourist den rechten Fuß. 63
12 Er befuhr die Münchener Straße und danach die Lange Straße. 64
13 Vor allem die Größe des Bauwerkes beeindruckt die Besucher. 63
14 Er strengt sich besonders an, um sich keine Blöße zu geben. 61
15 Es ist verständlich, dass jetzt Maßnahmen ergriffen werden. 61

16 Der Spieler ist schnell und kann mit beiden Füßen schießen. 62
17 Der Lehrer ließ dem früheren Kollegen die Grüße ausrichten. 63
18 Im Sportunterricht wollen die Schüler gern Fußball spielen. 63
19 Überqueren Sie die Straße als Fußgänger immer an der Ampel. 63
20 Das Konzert war eine der größten Veranstaltungen in Gießen. 63

Nach einem Diphthong (doppeltem Vokal) wird immer „ß" geschrieben.

21 Nach der 1. Halbzeit wollen die Spieler den Spieß umdrehen. 63
22 Mit viel Fleiß gelang es ihnen, die Abschlüsse zu schaffen. 62
23 Der Inhaber weiß nicht, ob die Plätze draußen besetzt sind. 62
24 Der Außenminister reiste zur Vollversammlung nach New York. 64
25 Diese Äußerung war unbedacht, sie wurde gestern widerrufen. 61

2.2.8 Training: Das Komma (1)

Das Komma setzen Sie zwischen Haupt- und Nebensatz.

Zeile		Anschläge
1	Sie freut sich, dass der Chef den Vorschlag angenommen hat.	62
2	Dass Tanja uns am Donnerstag besuchen wird, freut uns sehr.	62
3	Das Wetter war gut, als wir am Mittag in Hamburg eintrafen.	63
4	Als die Ehrengäste eintrafen, begrüßte sie die Präsidentin.	62
5	Alle Mitglieder beraten, ob darüber abgestimmt werden kann.	61

Um die Gliederung des Satzes deutlich zu machen oder um Missverständnisse auszuschließen, können Sie Infinitivgruppen (Grund- und Nennformgruppen) durch ein Komma abtrennen.

Zeile		Anschläge
6	Die Ordnungskräfte fordern die Demonstranten auf, zu gehen.	62
7	Alle hoffen, dass sie bereit sind, nun freiwillig zu gehen.	60
8	Die Schulverwaltung fordert den Schüler auf, zu erscheinen.	62
9	Die Schule fordert die Schülerin auf, sofort zu erscheinen.	62
10	Der Vorsitzende versucht nun, die Mitglieder zu überzeugen.	62
11	Der Kriminalbeamte forderte den Täter heute auf, zu folgen.	62
12	Der Kriminalbeamte fordert den Täter auf, sofort zu folgen.	62
13	Die Mitglieder weigern sich, beim Baum des Heims zu helfen.	63
14	Der Autor bestätigt uns heute, den Roman verfasst zu haben.	62
15	Den Plan, abzureisen, fasste der Politiker erst am Freitag.	63

Vor Infinitivgruppen, die durch „um", „ohne", „anstatt" oder „als" eingeleitet werden, setzen Sie ein Komma.

Zeile		Anschläge
16	Viele Zuschauer sind gekommen, um sich das Spiel anzusehen.	62
17	Der Politiker überging diese Frage, ohne darauf einzugehen.	62
18	Anstatt auf diese Fragen einzugehen, sagte sie dazu nichts.	61
19	Es gibt nichts Schöneres, als hier einen Tag zu verbringen.	62
20	Ihr Entwurf, um das herauszustellen, ist fraglos der beste.	61

Endet der Hauptsatz mit einem Substantiv (Hauptwort), setzen Sie vor den Nebensatz, der die Infinitivgruppe einleitet, ein Komma.

Zeile		Anschläge
21	Nutzen Sie die Gelegenheit, hier jetzt günstig einzukaufen.	61
22	Er hat die Möglichkeit, sich zu diesem Vorschlag zu äußern.	62
23	Sie fasst den Entschluss, in Kürze ein Studium aufzunehmen.	63
24	Er macht den Vorschlag, die Stadt Frankfurt zu besichtigen.	63
25	Der Chef gab dem Auszubildenden den Rat, sich fortzubilden.	63

2.2.9 Training: Das Komma (2)

Infinitivgruppen (Grund- und Nennformgruppen), die durch ein hinweisendes Wort angekündigt oder aufgenommen werden, trennen Sie mit dem Komma ab.

Zeile		Anschläge
1	Es ist nicht zu erwarten, dass sich die Gelegenheit bietet.	61
2	Der Politiker vermied es, sich zu diesem Vorfall zu äußern.	62
3	Ihre Absicht ist es, das Studium in Frankfurt fortzusetzen.	63
4	Er erinnert alle daran, diesen Beratungstermin einzuhalten.	61
5	Die Schülerin hat damit gerechnet, die Prüfung zu bestehen.	62

Verbinden Sie gleichrangige Teilsätze durch die Konjunktionen (Bindewörter) „sowohl – als (auch)", „sowohl – wie (auch)", „weder – noch" und „wie", setzen Sie kein Komma. Geht vor der Konjunktion ein Nebensatz zu Ende, bleibt das Koma aber erhalten.

Zeile		Anschläge
6	Das Auto kann sowohl mit Benzin als auch mit Diesel fahren.	63
7	Tanja hat weder Zeit noch Geld, diese Kreuzfahrt zu buchen.	63
8	Heike hat weder Zeit noch Lust, sich damit zu beschäftigen.	62
9	Dieses neue Buch ist innen wie außen ansprechend gestaltet.	61
10	Er sagt, dass er informiert ist, und berät den Inhaber gut.	61

Wenn die vergleichenden Konjunktionen (Bindewörtern) „als" oder „wie" nur Wörter oder Wortgruppen verbinden, setzen Sie kein Komma.

Zeile		Anschläge
11	Die Leistungen dieser Schüler sind nun besser als erwartet.	62
12	Der Termin am Mittwoch passt dem Chef besser als am Montag.	64
13	Sie meinte, die alte Mischung sei genauso gut wie die neue.	61
14	Der Sportler war genau so schnell wie im ersten Wettbewerb.	62
15	Wie in früheren Jahren gibt es nun aber keine Verlängerung.	62

Vor nebengeordneten, entgegengesetzten oder einschränkenden Konjunktionen (Bindewörtern) setzen Sie ein Komma.

Zeile		Anschläge
16	Er möchte teilnehmen, aber die Anmeldefrist ist abgelaufen.	61
17	Sie möchte sich nicht heute, sondern am Montag dazu äußern.	61
18	Die Schränke sind heute eingetroffen, jedoch erst am Abend.	61
19	Einerseits ist der Lehrer dafür, andererseits aber dagegen.	61
20	Frank löst es teils selbstständig, teils mit Hilfe anderer.	61

Zwischen gleichrangigen (nebengeordneten) Nebensätzen oder Nebensätzen verschiedenen Grades setzen Sie ein Komma, wenn Sie nicht durch „und" oder „oder" verbunden sind.

Zeile		Anschläge
21	Wenn die Information stimmt, dass er kommt, freuen wir uns.	61
22	Er kennt keinen, der ihn beraten kann, wenn er Rat braucht.	61
23	Dass er nicht schrieb, obwohl er es wollte, enttäuscht uns.	60
24	Dass sie nicht reagierte, obwohl er sie ansah, ärgerte ihn.	60
25	Er schafft es, wenn er fleißig ist und wenn er mitarbeitet.	60

2.2.10 Training: Straßennamen

Zusammengesetzte Straßennamen schreiben Sie zusammen. Das ist der Fall, wenn vor „Straße", „Weg", „Platz", „Gasse" usw. ein weiterer Wortteil steht.

Zeile		Anschläge
1	Die Bauarbeiten an der Kaiserstraße sollen im Mai beginnen.	63
2	Das Unternehmen eröffnet in der Lessingstraße ein Geschäft.	63
3	Die Schlossallee ist schon wieder für den Verkehr gesperrt.	62
4	Die Kundgebung soll jetzt auf dem Theaterplatz stattfinden.	62
5	In der Nähe des Römerweges entsteht in Kürze eine Siedlung.	64

Besteht der Straßenname aus mehrteiligen Namen (z. B. Vor- und Zunamen), müssen Sie zwischen den Bestandteilen Bindestriche einfügen.

6	Der Mieter zieht Anfang Juli in die Willy-Brandt-Straße um.	66
7	Die Veranstaltung ist auf dem Theodor-Heuss-Platz in Essen.	65
8	Seit August ist die Dr.-Robert-Koch-Straße Vorfahrtsstraße.	66
9	Für diese Aufführung eignet sich der Friedrich-Ebert-Platz.	64
10	Die Friedrich-von-Schiller-Straße wird im Juli gepflastert.	64

Getrennt schreiben Sie Ableitungen von Orts- oder Ländernamen auf „-er" oder „-isch".

11	Die Bauarbeiten auf der Berliner Straße sind abgeschlossen.	63
12	Die Stuttgarter Straße ist am Donnerstag für alle gesperrt.	63
13	Befahren Sie den Kölner Ring, kommen Sie in die Innenstadt.	64
14	Befahren Sie den Frankfurter Ring, kommen Sie zur Autobahn.	65
15	Diese Einwohner dürfen auch den Bad Kissinger Weg befahren.	64
16	An der Ecke Keltenweg/Aachener Allee steht ein Stoppschild.	66
17	Beachten Sie das Stoppschild Frankfurter Straße/Römerplatz.	65
18	Gestern staute sich der Verkehr auf der Rheinischen Straße.	63
19	Vor der Einfahrt biegen Sie in die Westfälische Straße ein.	62
20	Auch auf der Holsteinischen Straße sind mehrere Parkplätze.	63

Das erste Wort eines Straßennamens schreiben Sie groß. Adjektive (Eigenschaftswörter) und Zahlwörter schreiben Sie in Straßennamen ebenfalls groß.

21	Gehen Sie durch die enge Gasse direkt zum Neuen Marktplatz.	64
22	Über die Alte Dorfstraße kommen Sie zur Gemeindeverwaltung.	64
23	Sie bewohnen ab September das Eigenheim Im Kühlen Grund 15.	65
24	Die Straße An den Fünf Eichen führt in die Nachbargemeinde.	65
25	Der Weg An der Alten Linde ist bei allen Touristen beliebt.	65

2.3 10-Minuten-Abschriften (1)

Zeile Die Insel Mainau	Anschläge
Die Insel Mainau ist die drittgrößte Insel im Bodensee.	61
Begünstigt durch das Bodenseeklima wachsen auf der Insel	122
auch Palmen und andere mediterrane Pflanzen. Durch ihre	182
einzigartige Vegetation wird Mainau auch als Blumeninsel	243
bezeichnet. Das Herzstück der Insel ist das Arboretum.	303
Hier finden Sie über fünfhundert verschiedene Pflanzen und	365
Bäume, darunter auch einen der ältesten Urwaldmammutbäume	426
Deutschlands. Dieser Baum stammte aus China. Besonders	487
mächtig sind einige Exemplare des Riesenmammutbaumes. Neben	551
diesen Bäumen können Sie Zedern und Tulpenbäume bestaunen.	614
Das Schmetterlingshaus ist eine besondere Attraktion. Hier	678
gehen die Besucher durch eine tropisch anmutende Umgebung	749
mit rauschenden Wasserfällen, exotischen Gewächsen und	797
Blumen. Sehenswert ist auch das Barockschloss, das auf dem	860
Burgstall der abgebrochenen Burg Mainau errichtet wurde.	920

Die Insel Mainau	
Das Welterbe Kulturlandschaft Oberes Mittelrheintal ist	62
eine Kulturlandschaft am Mittelrhein. Die Flusslandschaft	125
hat sich einerseits natürlich entwickelt, andererseits ist	185
sie durch den Menschen verändert worden. Seit Jahrhunderten	249
ist der Rhein einer der wichtigsten Verkehrswege in Europa.	313
Der Fluss ermöglichte den kulturellen Austausch zwischen	374
der Mittelmeerregion und dem Norden Europas. Das obere	434
Mittelrheintal ist als Welterbe anerkannt. Dafür müssen	494
bestimmte Bedingungen erfüllt sein. Ein geschlossener	551
Landschaftsraum, der einzigartig ist, muss vorhanden sein.	612
Das ist im Oberen Mittelrheintal durch den Rheindurchbruch	675
im Rheinischen Schiefergebirge gegeben. Besonders geprägt	737
wurde das Gebiet durch den Weinbau auf Terrassen, aber auch	801
durch die Schiefergewinnung und die Niederwaldwirtschaft.	862
Beeindruckend sind die romantischen Burgen und Schlösser.	924
Der Rhein gehört zu den am meisten befahrenen Wasserstraßen	988
der Welt. Entlang des Stromes verlaufen zwei Bundesstraßen	1052
und zwei Bahntrassen. Die Kulturlandschaft deckt sich im	1113
Wesentlichen mit dem Gebiet des Oberen Mittelrheintals. Im	1178
Süden können Sie die Städte Bingen und Rüdesheim besuchen.	1241

2.3 10-Minuten-Abschriften (2)

Die Normandie – schöne Küstenorte und Äpfel

Text	Anschläge
Die Normandie ist eine historische Provinz im Norden des	62
Nachbarlandes Frankreich. Zu ihrem Namen kam die Normandie	127
im Mittelalter als Heimstatt der Normannen. Der Volksstamm	192
bildete sich aus einheimischen Bewohnern und Wikingern. Das	256
Klima begünstigt die Viehhaltung und den Anbau von Äpfeln.	320
Durch den Anbau von Äpfeln ist die Normandie weltbekannt.	383
Die schönen Küstenorte der Normandie sind auch wegen ihrer	446
frischen Meeresfrüchte, insbesondere Miesmuscheln, und	504
Fischspezialitäten bei den Touristen aus dem französischen	566
Hinterland und ausländischen Urlaubern besonders begehrt.	628
Im Laufe der Zeit entwickelte sich dieses Gebiet zu einem	691
beliebten Reiseziel. Die Küstenorte Trouville, Douville und	756
Honfleur ziehen im Sommer viele Besucher an. Die Brücke	817
über die Seine bei Le Havre ist eine der größten Brücken	879
Europas. Sie zu überqueren, ist ein besonderes Erlebnis.	939

Die Stadt Paris – eine der wichtigsten Metropolen der Welt

Text	Anschläge
Die französische Hauptstadt Paris ist als Weltstadt eine	62
der wichtigsten Metropolen der westlichen Welt. Die Stadt	125
ist das politische, wirtschaftliche und kulturelle Zentrum	186
Frankreichs. Paris ist der größte Verkehrsknotenpunkt des	248
Nachbarlandes. Fast alle Autobahnen führen in die Stadt.	310
Da die Stadt Paris gleichzeitig das Departement bildet,	371
nimmt der Bürgermeister auch die Funktion des Präsidenten	433
des Generalrates wahr. Das Hotel de Ville ist das Rathaus	497
von Paris. Reizvoll ist Paris durch seine Seine-Brücken,	560
die das rechte nördliche mit dem linken Ufer verbinden.	618
An einigen Stellen verbinden die Brücken die Inseln mit dem	682
Festland. Die Seine war als Transportweg sehr wichtig für	745
die Entwicklung der Stadt Paris, die auf der größten Seine-	809
Insel ihren Ursprung hatte. Schon sehr früh begann man	868
damit, Brücken zu bauen, um die Seine überqueren zu können.	931
Die Brücken sollten aber auch die Bewohner schützen. Die	993
Seine fließt im Großraum Paris von der Einmündung der Marne	1059
durch das Pariser Becken und in einem weiten Linksbogen von	1122
Südosten durch das Zentrum. Paris mit der Seine ist eine	1184
der beliebtesten touristischen Attraktionen in ganz Europa.	1247

2.3 10-Minuten-Abschriften (3)

Das Schloss Versailles

Anschläge

Das Schloss Versailles in der Nachbarschaft von Paris ist 64
eine der größten Palastanlagen Europas und war lange Zeit 126
Hauptresidenz der französischen Könige. Das Schloss wird 188
heute als Museum genutzt. Drei weitere Lustschlösser und 249
die weitläufigen Gartenanlagen stehen den Besuchern offen. 311

Während der Mittelbau des Schlosses mit den Staatssälen 372
nicht verändert wurde, beherbergen die großen Seitenflügel 433
das Museum der Geschichte Frankreichs. Betrachtet man das 496
Äußere des Schlosses, sind unterschiedliche Stilformen zu 558
erkennen, die durchaus einen konträren Eindruck vermitteln. 619

Die Stadtfassaden des Schlosses entsprechen dem frühen 678
französischen Barock. Sie bestehen aus rotem Ziegelstein. 740
Im Gegensatz dazu sind die Gartenfassaden aber im Stil des 804
klassizistischen Barocks gestaltet. Das Schloss bildet 863
einen Kontrast zu den anderen Barockschlössern Frankreichs. 926

Danzig – eine bedeutende Handelsstadt

Danzig ist eine Hafen- und ehemalige Hansestadt in Polen. 63
Im Mittelalter galt sie als die reichste Stadt der Welt. In 126
dem Jahrhundert vor der Zeitenwende siedelten sich an der 189
unteren Weichsel und der Weichselmündung die Goten an. 248
Bernstein war im Altertum im Mittelmeerraum sehr begehrt. 310

Schon sehr früh verbanden Handelswege von der Nordsee und 372
Ostsee das Weichseldelta mit der mediterranen Welt. Danzig 436
war bedeutendes Mitglied der Hanse und nahm auch an den 459
Hansetagen teil. Im vorletzten Jahrhundert wurde die Stadt 559
zum Zentrum des Schiffbaues und der Industrialisierung. 615

Nach dem Ende des Ersten Weltkrieges wurde Danzig mit den 683
umliegenden Gebieten vom Deutschen Reich getrennt und zu 744
einem unabhängigen Staat, der Freien Stadt Danzig, erklärt. 809
Der Staat stand unter Aufsicht des Völkerbundes. Der Hafen 875
und der Zoll wurden unter polnische Verwaltung gestellt. 935

Nach dem Zweiten Weltkrieg wurde Danzig polnisch. Danzig 998
ist seit der Hansezeit als Handelsstadt bekannt – vor allem 1060
wegen der günstigen Lage an der Ostsee. Der Hafen spielt 1122
immer noch eine große Rolle für die polnische Wirtschaft. 1183
Die attraktive Stadt wird auch von Touristen gern besucht. 1244

2.4 Schneller schreiben mit der Autokorrektur

Um fehlerhafte Wörter in die Autokorrektur des Textverarbeitungsprogramms Word aufzunehmen, rufen Sie in dem Register **Datei** unter **Optionen** die **Dokumentprüfung** auf. In dem Dialogfeld **Autokorrektur-Optionen** geben Sie unter Ersetzen" das fehlerhafte Wort und unter „Durch" die korrekte Schreibung ein. Danach klicken Sie **Hinzufügen** an. Es besteht auch die Möglichkeit, anstelle eines fehlerhaften Wortes eine Abkürzung für ein Wort einzugeben. Wenn Sie beim Erfassen eines Textes die Abkürzung eingeben, erscheint das vollständige Wort auf dem Bildschirm. Um Wörter aus der Autokorrektur schnell abrufen zu können, müssen Sie sich die Abkürzungen fest einprägen. Um die Abkürzungen der Autokorrektur nutzen zu können, müssen Sie in den Autokorrektur-Optionen **„Während der Eingabe ersetzen"** einstellen.

Aufgabe

Nehmen Sie diese Wörter in die Autokorrektur auf.

Ersetzen	Durch	Ersetzen	Durch	Ersetzen	Durch
a	auch	he	Herren	sh	sehen
d	das	i	immer	s	sich
ders	derselben	j	Jahr	sc	schon
deu	deutsch	ka	kann	sl	solche
fr	Frau	ko	kommen	sn	sondern
g	ganz	kö	können	vl	vielleicht
gb	geben	la	lassen	wh	welche
gg	gegen	lb	leben	wa	waren
gh	gehen	ma	machen	wd	worden
gm	gemacht	me	mehr	wl	wollen
gw	gewesen	ms	Menschen	wn	werden
gr	groß	mü	müssen	wt	Welt
gn	großen	nt	nicht	wu	wurde
hb	haben	na	nach	zt	Zeit
ht	hatten	sa	sagen	zw	zwischen

Prägen Sie sich die Abkürzungen gut ein. Erfassen Sie die Zeilen mit der Autokorrektur mehrmals.

Zeile

1 auch das derselben deutsch gehen Frau ganz geben gegen groß
2 gehen gemacht gewesen großen ganz haben hatten Herren immer
3 Jahr kann kommen können lassen leben das machen mehr müssen
4 Menschen nicht nach Jahr sagen sehen sich schon solche sich
5 deutsch immer gemacht gewesen großen Jahr lassen mehr sagen

6 sondern unter vielleicht welche waren worden wollen gemacht
7 werden Welt wurde Zeit zwischen deutsch Frau geben zwischen
8 gemacht gewesen groß großen nach haben hatten Herren kommen
9 können lassen leben machen Menschen müssen nicht nach sagen
10 sehen schon solche sondern vielleicht welche werden sondern

11 leben kann haben immer Jahr kommen mit mehr leben ohne sich
12 müssen nicht sagen unter Welt waren worden Zeit gegen schon
13 sehen Herren kann leben nach Welt zwischen gemacht Zeit das
14 derselben kann schon immer kann kommen lassen Menschen ganz
15 mehr nach wurde Zeit sich Welt Herren immer auch hatten das

3 Schreibregeln

Abkürzungen		
mit Punkt	i. A. – z. B. – d. M. – bzw. – usw.	
ohne Punkt	GmbH – BGB – ZDF – EUR – UNO – kg	
Anführungszeichen	„sehr gut"	Marke "Luxus"
Auslassungspunkte	Die Bedingungen ...	
"bis"	20,00 – 25,00 EUR	09:00 – 12:00 Uhr
Dezimalzahlen	1.250,35 €	0,07 €
Einfache Zahlen	5 000 Stück	5 000 000 Einwohner
E-Mail-Adressen	eva.moeller@aol.com	eva.moeller@taiga.com
Fettschrift	Zahlen Sie bis spätestens **25. März d. J.**	
Gleichheitszeichen	1 kg = 1 000 g	25 km = 25 000 m
IBAN	DE76 4405 0199 0000 2531 89 DE44 2505 0180 0000 4179 25	
Kalenderdaten		
alphanumerisch	1. November 20..	1. Nov. 20..
numerisch	20..-11-01	20..-03-17
Klammern	Bayern (München) Die Tasten <Einfg> und <Entf> bedienen.	Unterschrift(en)
Mittestrich		
Bindestrich	Hamburg-Altona	Theodor-Heuss-Allee
Ergänzungsbindestrich	auf- und abladen	Postein- und -ausgang
Gedankenstrich	Sie versuchte es – leider ohne Erfolg.	
"gegen"; Streckenangaben	HSV – Borussia Dortmund	Frankfurt – Stuttgart
Ordnungszahlen	5. Platz	VII. Stockwerk
Postfachnummern	Postfach 3 33	Postfach 1 45 78
Promille	0,4 o/oo	1,2 o/oo
Römische Zahlen	I = 1II = 2V = 5 C = 100D = 500	X = 10 L = 50 M = 1 000
Telefaxnummern	0441 354921	02921 35-4519
Telefonnummern	05628 593-185	+49 2921 73541
Uhrzeiten	09:40 Uhr	05:12:03 Stunden
Unterstreichen	Zahlen Sie bis spätestens 25. März d. J.	
Währungsbetrage	25.455,36 EUR	1.356,45 €
Zeichen für Wörter	§ 1 BGB, §§ 2 bis 5,5 %,5-prozentiger	